前沿科学与先进技术 2023

中国科学技术发展战略研究院◎著

科学技术文献出版社
SCIENTIFIC AND TECHNICAL DOCUMENTATION PRESS
·北京·

图书在版编目（CIP）数据

前沿科学与先进技术. 2023 / 中国科学技术发展战略研究院著. -- 北京：科学技术文献出版社，2024. 8.

ISBN 978-7-5235-1746-8

Ⅰ. N11

中国国家版本馆 CIP 数据核字第 2024JW0349 号

前沿科学与先进技术2023

策划编辑：胡　群　　责任编辑：张瑶瑶　　责任校对：张永霞　　责任出版：张志平

出 版 者　科学技术文献出版社
地　　址　北京市复兴路15号　邮编 100038
出 版 部　(010) 58882952，58882087（传真）
发 行 部　(010) 58882868，58882870（传真）
官方网址　www.stdp.com.cn
发 行 者　科学技术文献出版社发行　全国各地新华书店经销
印 刷 者　北京厚诚则铭印刷科技有限公司
版　　次　2024 年 8 月第 1 版　2024 年 8 月第 1 次印刷
开　　本　787×1092　1/16
字　　数　155千
印　　张　11.5
书　　号　ISBN 978-7-5235-1746-8
定　　价　46.00元

《前沿科学与先进技术 2023》研究组

组　长　刘冬梅

副组长　郭　戎　许　晔

成　员　许　晔　尹志欣　朱　姝
王　超　谢　飞　王　灿
韩秋明

前 言

进入21世纪以来，全球科技创新进入空前密集活跃的时期，新一轮科技革命和产业变革正在重构全球创新版图、重塑全球经济结构。以人工智能、量子信息、移动通信、区块链为代表的新一代信息技术加速突破应用，以合成生物学、基因编辑、脑科学、再生医学等为代表的生命科学领域孕育新的变革，融合机器人、数字化、新材料的先进制造技术正在加速推进制造业向智能化、服务化、绿色化转型，以清洁高效可持续为目标的能源技术加速发展将引发全球能源变革，空间和海洋技术正在拓展人类生存发展新疆域。

面向世界科技前沿，就是要把握世界科技发展的先进理念，立足我国科技发展现状，确定找准实现高水平科技自立自强的重点突破方向。只有明确路径，找对方向，才能在源头上加快发展推动我国生产力进步的先导技术和前沿技术。

面向世界科技前沿，就必须紧抓科技发展的渐进性与跨越性，锚定“非对称”赶超战略。面向世界科技前沿，还必须洞悉科技发展的独立性与互补性，实现关键核心技术自主可控。面向世界科技前沿，更必须观照科技发展的世界性与民族性，用好国际国内两种科技资源。

只有拥有强大的基础研究和原始创新能力，才能持续产出重大原创性、颠覆性科技成果。只有拥有强大的关键核心技术攻关能力，才能有力支撑高质量发展和高水平安全。

《前沿科学与先进技术2023》是中国科学技术发展战略研究院自2021年6月前沿科学与先进技术发展研究所成立以来，第二次推出的前沿科技发展战略研究报告。主要包括两大部分内容：一是重点前沿技术发展趋势；二是2023年最受关注的前沿技术。其中，重点前沿技术发展趋势选择对6G移动通信、脑机接口、基因编辑作物育种、类器官技术、增强型地热系统、小型模块化核反应堆、人形机器人、增材制造技术、无人机海洋遥感技术的全球发展状况和发展趋势进行了重点分析；2023年最受关注的前沿技术，以紧密跟踪最新前沿技术发展动态为出发点，对2023年发布的国内外重点政府报告、知名研究机构和权威科技智库发布的前沿技术相关报告等前沿技术动态信息进行较为系统的跟踪监测。依据前沿性、重要性和权威性的原则，遴选出20项2023年最受关注的前沿技术，包括：人工智能大模型、5G/6G移动通信、合成生物学技术、量子计算、脑机接口、氢能、增强型地热、智能机器人技术等。

《前沿科学与先进技术2023》得到了各级领导和同行的关心与支持，感谢科技部战略规划司对本研究的指导和支持，感谢中国科学院成都文献情报中心、中国科学院上海营养与健康研究所和湖南省科学技术信息研究所在研究过程中给予的技术支持。让我们共同关注世界科技前沿，把握前沿技术的发展趋势和方向。

《前沿科学与先进技术 2023》研究组

2024年6月

目　录

第一章　6G 移动通信

如果说 5G 开启了万物互联的大门，6G 则有望演变成一个万物智联的平台。通过这个平台，移动网络可以连接海量智能设备，实现智能互联。在 5G 的基础上，未来 6G 技术从服务于人、机、物，进一步拓展到支撑智能体的高效互联，将实现由“万物互联”到“万物智联”的跃迁，促进社会生产方式转型升级。2023 年 12 月 5 日，中国 6G 推进组首次对外发布了 6G 核心方案，预计 2030 年左右实现商用。

一、技术概述

6G 网络将是一个地面无线与卫星通信集成的全连接世界，通过将卫星通信整合到 6G 移动通信，实现全球无缝覆盖。与 5G 相比，6G 具有更加强大的技术优势：更高的传输速度、更丰富的频谱资源、更多的连接数量、更智慧的网络体系。6G 的数据传输速率可能达到 5G 的 50～100 倍，网络时延缩短到 5G 的 1/10，即从毫秒级降到微秒级。6G 在峰值速率、时延、流量密度、连接数密度、移动性、频谱效率、定位能力等方面远优于 5G。6G 愿景主要包括：“网络泛在”“智能内生”“服务泛在”。

“网络泛在”是指 6G 网络将向空、天、地、海泛在融合的物理空间拓展，采用空间复用技术的陆地移动通信系统与卫星通信系统协同组网，集地面移动通信、高中低维度卫星互联网和海洋互联网于一体，实现太空、空中、陆地、海洋等全要素覆盖，形成具有最大化容量、密集泛在连接和高致密性频谱的全覆盖空间。

“智能内生”是指6G网络的全网内生智能化，在实现核心网络、云数据中心和边缘计算资源的智能化的同时，还将智能化进一步扩展到网络的各个层面，基于人工智能（artifical intelligence，AI）技术实现网络的自配置、自适应、自修复、自演进，从而实现真正的全网智能化。

“服务泛在”是指6G时代，服务的边界将从物理世界拓展到虚拟世界，服务的提供也将更为智能。6G的服务对象将从物理世界的人、机、物拓展至虚拟世界的“境”，并针对用户对业务的高精度通信需求，通过各种智能化技术提供动态、极细粒度的服务能力，面向6G全场景为用户带来沉浸式、个性化、无差异化的极致服务体验。

按照移动通信技术每10年左右更新一代的规律来看，业界普遍认为6G有望在2030年左右迎来商用。据美国市场研究机构Market Research Future对6G市场按组件、通信基础设施、设备使用、最终用途和地区划分进行的全面研究，预计到2040年，全球6G市场规模将达到3400亿美元，2030—2040年的复合年均增长率将超过58%。

二、各国战略部署

（一）美国

美国联邦通信委员会（FCC）早在2018年9月就首次在公开场合展望6G技术。FCC委员在一次演讲中表示展望6G频谱、6G无线超大容量、6G频谱使用如何创新等三大类关键技术，6G将迈向太赫兹频率时代，随着网络愈加致密化，基于区块链的动态频谱共享技术是趋势。同时，6G时代的网络安全将有显著改善，6G将来还可能与量子计算相结合，形成“量子互联网”。2019年3月，FCC一致投票通过开放“太赫兹波”频谱的决定，用于开展6G技术试验。2022年3月，FCC向美国是德科技公司（Keysight）颁发了首个频谱视界实验许可证，用于开发低于亚太赫兹（sub－terahertz）

频段（95 GHz 以上）的 6G 技术。美国参议院同时于 2022 年 3 月投票通过了《下一代电信法案》，面向 6G 技术事项。该法案旨在创建一个新的委员会，以负责监督美联邦对下一代通信技术（包括 6G）的投资和政策制定。

美国电信行业解决方案联盟于 2020 年 10 月宣布成立“Next G Alliance”（Next G 联盟），其目的在于推动北美在 6G 及未来移动技术方面的领导地位。该联盟将聚焦于研发、制造、标准化和市场准备等多方面。联盟确定的战略任务主要包括建立 6G 战略路线图、推动 6G 相关政策及预算、6G 技术和服务的全球推广等，希望在 6G 时代确立美国的领导地位。

美国国家科学基金会于 2021 年 4 月面向 Next G 网络系统（包括 6G 蜂窝、未来版本的 Wi-Fi、卫星网络）发起 RINGS 计划，旨在增强 Next G 网络系统的智能性、安全性和可靠性。2022 年 1 月，Next G 联盟发布了其首份 6G 报告，即《6G 路线图：构建北美 6G 领导力基础》，提出了北美 6G 的六大愿景：信任、安全性和弹性；增强数字世界体验；具有成本效益的跨网络架构方案；分布式云和通信系统；人工智能原生无线网络；能源效率和环境的可持续性。同时，分别从国家要求、应用及市场、技术发展 3 个层面对各个愿景展开描述，并规划了 6G 生命周期路线图和时间表。

美国国防部于 2022 年 8 月 2 日表示向 Open6G 产业——大学合作项目投入 177 万美元，该项目将作为开发、测试和整合的中心，旨在启动无线电接入网络的 6G 系统研究，简称 Open RAN。

2024 年 2 月 26 日，美国、英国、澳大利亚、加拿大、捷克、芬兰、法国、日本、韩国和瑞典十国发表联合声明，称就 6G 无线通信系统的研究和发展达成“共同原则”，将通过共同努力支持“开放、自由、全球性、可互操作、可靠、有弹性和安全的连接”。根据美国白宫发布的联合声明文本，这十国认为，6G 发展原则有助于建设一个“更加包容、可持续、和平和安全的未来”。十国将各自制定相关政策，并呼吁其他政府、组织和利益攸关方一同支持和维护这些政策，推进“符合共同原则的 6G 网络研发与标准化”。美国等十国达成的共同原则涉及 6 个方面，内容包括：“保护国家安全的可信技术”“安全、弹性和保护隐私”“全球行业主导的包容性标准制定和国际合作”“合作促进开放和互操作创新”“可负担能力、可持续性和全球互联性”“频谱与制造”。

（二）欧盟

欧盟于2018年9月正式启动了为期3年的6G基础技术研究项目，研究可用于6G通信网络的下一代向前纠错编码技术、高级信道编码及信道调制技术。同年11月，欧盟发起了第六代移动通信（6G）技术研发项目征询，旨在于2030年商用6G技术。欧盟对6G技术的初步设想为：6G峰值数据传输速率要大于100 Gbps（5G峰值速率为20 Gbps）；使用高于275 GHz频段的太赫兹（THz）频段；单信道带宽为1 GHz（5G单信道带宽为100 MHz）；网络回程和前传采用无线方式。欧盟Horizon 2020组织也将启动“智能网络与服务”的6G研究项目，目前正在前期论证预研阶段。

欧盟的旗舰6G研究项目“Hexa－X”于2021年正式启动，项目团队汇集25家企业和科研机构，旨在推进6G的整体愿景。同年，欧盟委员会启动首个大规模6G研究和创新计划，涉及从5G演进（包括垂直行业的大规模试验和试点）到未来6G系统的前沿研究。2022年10月，欧盟委员会宣布创建Hexa－X－Ⅱ作为6G旗舰计划的第二阶段，并将参与者扩展至44个组织。该计划已于2022年10月正式启动，为期2.5年，代表了未来连接解决方案的完整价值链，其成员范围从网络供应商和通信服务提供商，到垂直和技术提供商，以及最杰出的欧洲通信研究机构。Hexa－X－Ⅱ的目标是创建预标准化平台和系统视图，这将是未来6G标准化的基础。欧盟委员会预计将拨出2.5亿欧元用于支持研究项目，探索从“中期”5G向可用于6G的实验性基础设施的演变，其中还包括试验台的开发、特定垂直领域试验和试点计划。借助Hexa－X的创新成果，Hexa－X－Ⅱ将聚焦于3个关键领域：可持续性，Hexa－X－Ⅱ将研究可帮助实现零碳足迹，以及减少能源和材料消耗的技术；包容性，Hexa－X－Ⅱ旨在为发展中国家的人口及发达社会的贫困人口提供连接；可信性，Hexa－X－Ⅱ将确保数据的透明、安全与隐私，以及网络的稳健性。

此外，欧盟积极资助大学和研究机构，包括奥卢大学、芬兰国家技术研究中心等，关注未来应用场景及太赫兹、边缘智能、编解码等技术方向。

2022 年 8 月 30 日，欧盟“创新雷达计划”最新资助了 3 个关键的 6G 创新项目——FED－XAI、AI MANO 和零能耗设备。这 3 个项目都将移动通信网络运营商作为主要受益者，以期通过使能新服务来释放 6G 潜力。

2022 年 7 月 1 日起，诺基亚将领导德国联邦教育与研究部（BMBF）资助的 6G 灯塔项目 6G－anna，推动 6G 研究和标准化。6G－anna 旨在加强和推动德国和欧洲的 6G 议程，并从德国和欧洲的角度推动全球预标准化活动，是“6G 平台”德国国家计划的一部分，总金额为 3840 万欧元，为期 3 年。

（三）英国

英国于 2022 年 7 月成立了新的电信创新机构——英国电信创新网络（UKTIN）机构，以促进该国电信供应链的创新能力。UKTIN 将获得 1000 万英镑，以对开放和可互操作的电信解决方案进行早期研究，如研究用于 5G 和 6G 的开放无线接入网络（Open RAN）等。

英国政府于 2023 年 4 月发布了《无线基础设施战略》，该战略制定了一个新的政策框架，以鼓励部署和采用 5G 及先进的无线连接技术，并通过政府的 6G 战略和研发资金支持向 6G 迈出了第一步。该战略还设定了到 2030 年在全国范围内实现 5G SA 网络部署的目标，并为此提供资金支持。通过 Ofcom（英国通信管理局），英国政府希望减少频谱和网络中立等领域的一些政策和监管障碍，并改进网络覆盖率报告。英国的 6G 战略包括六大支柱，涵盖了关键优先领域的主题：英国愿景、研发、专利与标准、频谱、国际联盟、路线图。

（四）日本

日本广岛大学在全球最先实现了基于 CMOS 低成本工艺的 300 GHz 频段的太赫兹通信，采用更高频段通信可能是 6G 的关键技术之一，日本在太赫兹等各项电子通信材料领域也几乎达到垄断地位，因此这是日本发展 6G 的独特优势。

日本政府及学术与商业机构于 2022 年 3 月成立“超越 5G 推广联盟”。日本总务省、学术机构，以及松下、NEC 和丰田等公司共同成立“超越 5G 推广联盟”（Beyond 5G Promotion Consortium），以推动日本 6G 技术的发展。

此外，日本 NTT 集团于 2019 年 6 月提出了名为“IOWN”的构想，IOWN 处理数据时不需要转换光信号，从而降低了损耗。由于 6G 的技术标准尚未确立，NTT 正在推动 IOWN 作为无线通信的核心技术。据称，这一技术的数据传输能力是传统技术的 125 倍，同时将功耗降低至 1%。该集团正在为 IOWN 开发下一代技术，并计划建设一个 6G 试验网络，为 2025 年大阪世博会场馆提供服务，以及在 2030 年之前对 6G 技术进行商用。

2022 年 11 月 3 日，据称日本总务省将在 2023 财年的第二次补充预算中拨款 662 亿日元，在日本国家信息与通信技术研究所设立一支基金，用于 6G 研发。日本政府此前曾拨款 500 亿日元用于 6G 研发及测试验证等，加上上述即将拨付的 662 亿日元，总金额达到了 1162 亿日元（约合人民币 57.6 亿元）。

（五）韩国

韩国在 5G 时代就具有良好的技术基础，因此希望在 6G 时代仍继续保持优势。韩国科学技术信息通信部（MSIT）表示，韩国计划在 2028 年推出 6G 网络服务，以争取早日获得未来无线通信的主导权。MSIT 通过“K-NETWORK 2030”战略，致力于将韩国打造成网络模范国家。韩国考虑到世界主要国家进入 6G 商用化的时间约为 2028—2030 年，因此决定提前 2 年提供 6G 网络服务。

韩国科学技术信息通信部于 2020 年 8 月发布《引领 6G 时代的未来移动通信研发战略》，计划从 2021 年开始的 5 年内，投资 2000 亿韩元研发 6G 技术，专注于 6G 国际标准并加强产业生态系统，从而确保韩国继 5G 之后成为全球首个 6G 商用国家。韩国政府将首先在超高性能、超大带宽、超高精度、超空间、超智能和超信任 6 个关键领域推动 10 项战略任务，并为试点项目选择了 5 个主要领域：数字医疗、沉浸式内容、自动驾驶汽车、智慧城市和智慧工厂，这也标志着韩国正式开始研发 6G 技术。

韩国三星电子于 2022 年 5 月举办了首届 6G 论坛，该论坛以“下一代超连接体验”为主题，多位全球产业界与学术界的专家就 6G 空中接口和基于人工智能的 6G 智能网络进行了讨论，以求引领 6G 相关技术的研发及标准的制定。三星电子表示，6G 将通过下一代超连接能力，为用户带来全新体验。在举行首届 6G 论坛之前，三星电子已经发布了《6G 频谱白皮书》（6G Spectrum White Paper），勾画了“超带宽、超低时延、超智能和超空间化”的 6G 愿景。

（六）新加坡

新加坡资讯通信媒体发展局（IMDA）与新加坡科技设计大学（SUTD）于 2022 年 9 月 19 日宣布联合成立未来通信互联实验室，这是东南亚首家 6G 技术实验室，将研究未来通信和新兴技术，如全息通信、支持新一代无人驾驶车和无人机的智能感应技术等。该实验室是新加坡未来通信研究与发展计划的一部分，该计划由 SUTD 主办，并得到新加坡国家研究基金会的支持。

三、总体发展情况

（一）论文产出

6G 移动通信已成为全球科研和产业领域关注的焦点，近年来，6G 移动通信领域高水平科研论文数量持续增长，研发创新持续活跃。经检索，6G 移动通信 2013—2022 年共计有相关论文 48 067 篇。

1. 国际论文历年数量

从国际论文近 10 年数量来看，2013—2022 年，论文数量呈现持续上升态势。2013 年 6G 移动通信相关国际论文数量为 811 篇，2018 年上升为 5446 篇，2020 年为 7032 篇，2022 年为 9448 篇（图 1–1）。

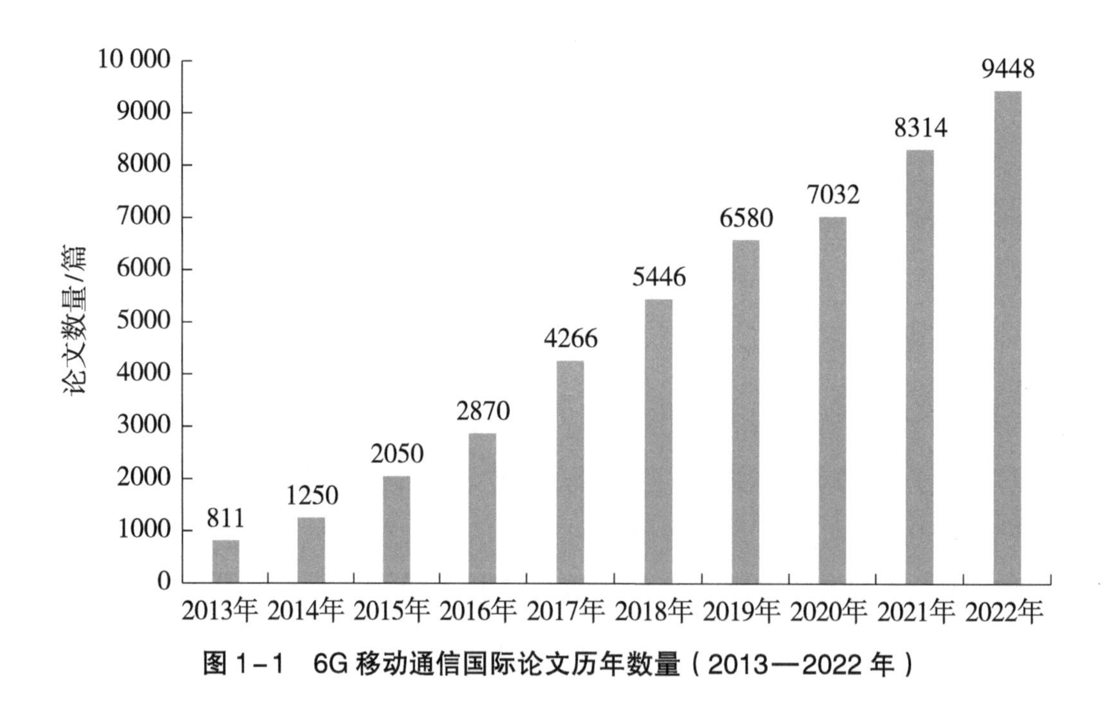

图 1–1　6G 移动通信国际论文历年数量（2013—2022 年）

2. 不同国家 / 地区论文数量排名（TOP 10）

从不同国家 / 地区论文数量排名来看，2013—2022 年，论文数量排名前 3 的国家 / 地区分别是中国大陆、美国和英国。中国大陆发表的论文数量以 25 151 篇领先于其他国家，美国发表的论文数量为 7276 篇，英国发表的论文数量为 5778 篇。排名前 10 的国家 / 地区主要为亚洲和欧美发达国家 / 地区（图 1–2）。

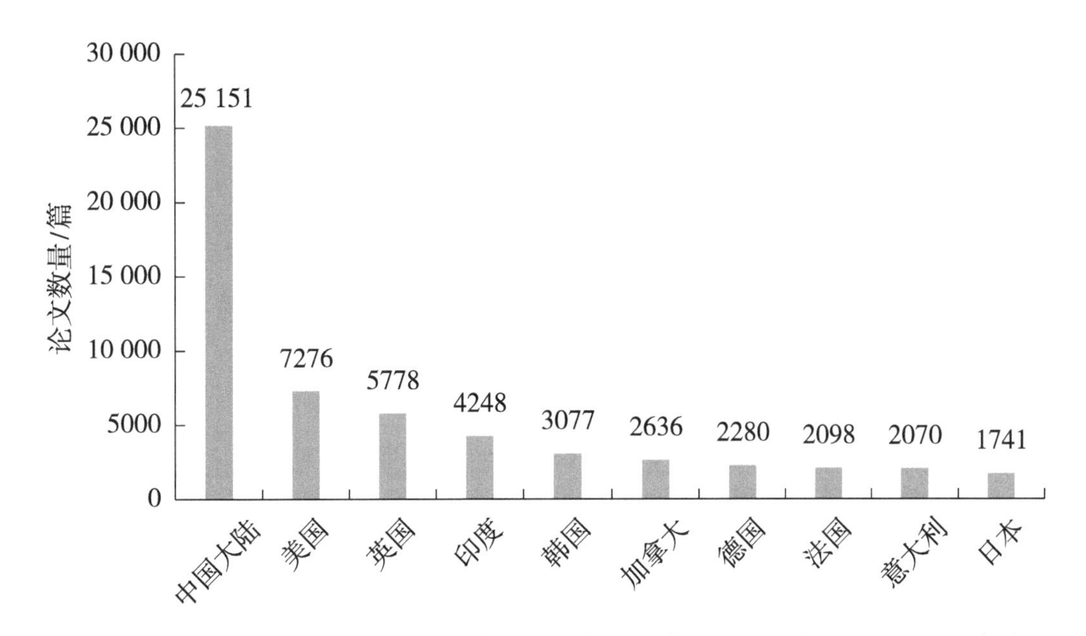

图 1–2　6G 移动通信不同国家 / 地区论文数量排名 TOP 10（2013—2022 年）

3. 高被引论文作者所属国家/地区排名（TOP 10）

从高被引论文作者所属国家/地区排名情况来看，2013—2022 年，中国大陆以 422 篇名列第一，占比为 30%。美国以 299 篇名列第二，占比为 21%。英国以 140 篇名列第三，占比为 10%。排名前 10 的国家 / 地区中，除了中国大陆、澳大利亚、印度和韩国以外，其余均为欧美等发达国家（图 1–3）。

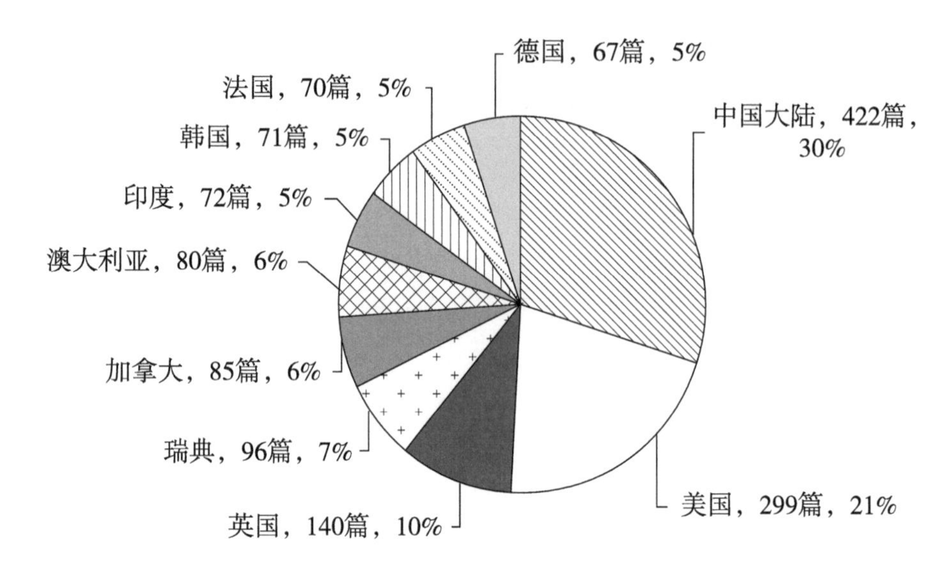

图 1-3　6G 移动通信高被引论文作者所属国家/地区排名 TOP 10（2013—2022 年）

（二）专利产出

1. 国际专利申请数量

从 6G 移动通信近 10 年国际专利申请数量来看，2013—2022 年，共申请了 41 219 件专利，简单同族合并后共有 20 816 项专利族。可以看出，6G 移动通信国际专利申请数量整体呈现上升的态势，2013 年专利申请数量为 1364 件，2018 年为 2187 件，2021 年专利申请数量为 2876 件（图 1-4）。

2. 专利申请人国别 / 地区排名（TOP 10）

从 6G 移动通信近 10 年专利申请人国别 / 地区排名来看，2013—2022 年，排名前 3 的分别是中国大陆、美国和韩国，专利申请数量分别为 7941 件、7587 件、2297 件（图 1-5）。

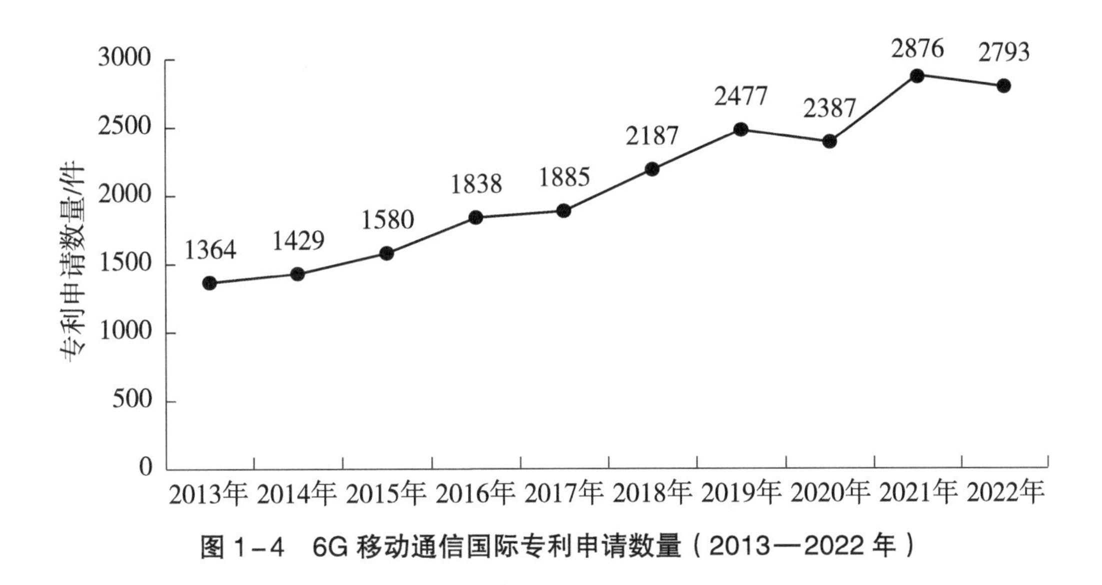

图 1-4　6G 移动通信国际专利申请数量（2013—2022 年）

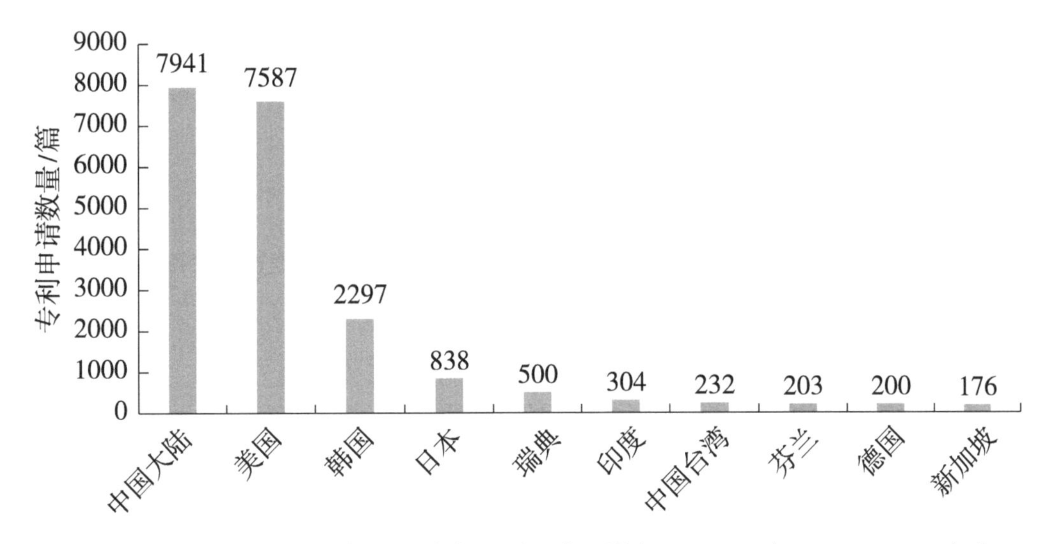

图 1-5　6G 移动通信专利申请人国别 / 地区排名 TOP 10（2013—2022 年）

3. 专利标准化申请人排名（TOP 10）

从 6G 移动通信专利标准化申请人[①]排名来看，2013—2022 年，排名前 3 的公司分别是美国高通公司、韩国三星集团和中国华为公司，其中美国高

① 该处统计的是标准化申请人，即一个公司（集团）所有名字的各种语言、各种写法和所有子公司自动关联在一起，定义成一个标准的公司。

通公司以 2553 件专利申请数量领先于其他公司，韩国三星集团专利申请数量为 1123 件，中国华为公司专利申请数量为 1087 件。排名前 10 的申请人中还有我国的东南大学和中兴公司（图 1–6）。

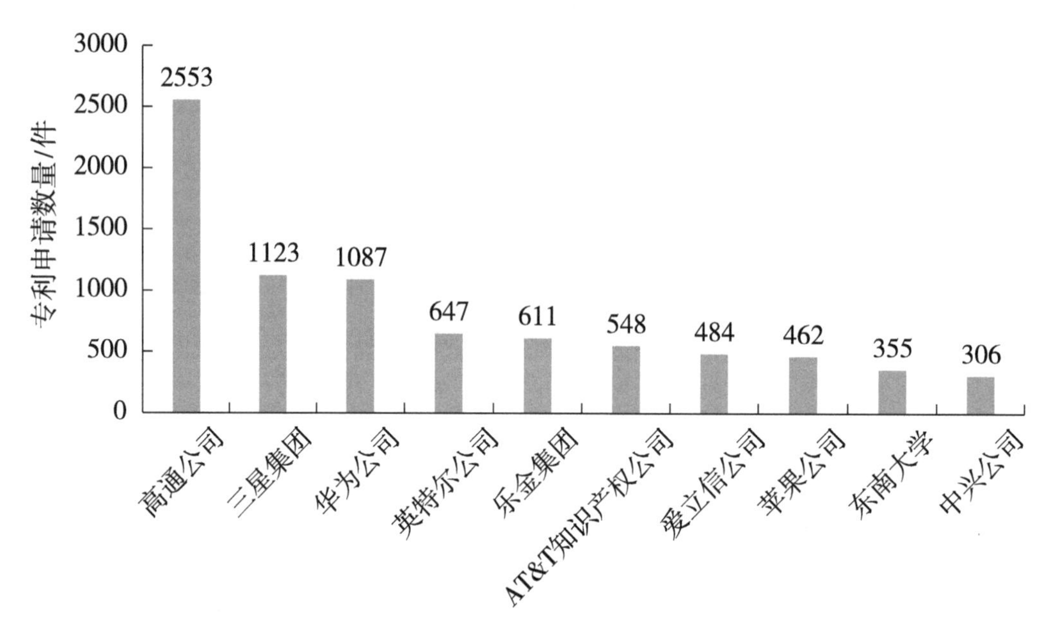

图 1–6　6G 移动通信专利标准化申请人排名 TOP 10（2013—2022 年）

四、全球研究进展

（一）面向 6G 的太赫兹、亚太赫兹研究

通过利用亚太赫兹频谱为下一代无线技术提供动力，被认为是将现实世界和数字世界相结合的关键因素之一，将为人们与周围环境的互动带来创造性的方式。2022 年 3 月，美国联邦通信委员会（FCC）颁发首个亚太赫兹 6G 技术开发许可。是德科技公司是美国首家获得 246 GHz 和 275.5 GHz 以上 FCC 许可的公司。美国纽约大学、加州大学及弗吉尼亚理工大学也在进行太赫兹及其他 6G 方向的研究工作。韩国 LG 电子已于 2021

年成功进行了 6G 太赫兹频段的无线信号传输测试，测试的距离超过了 100 m。2023 年 9 月，韩国 LG 电子创下 6G 数据传输距离的新纪录，打破了 2022 年创下的 320 m 纪录，成功将传输距离延长至 500 m。

（二）6G 关键技术（传输技术）研究

德韩研究人员将 6G 传输距离提高 2 倍。2022 年 9 月，德国弗劳恩霍夫海因里希赫兹研究所和韩国 LG 电子的研究人员成功将 6G 数据的传输距离提升至 320 m，较该团队一年前创下的纪录提升 2 倍，该研究有望成为 6G 技术进步的里程碑，推动 6G 技术实用化。日本名古屋大学等机构的研究团队于 2022 年 10 月 12 日利用铁路沿线的信息，进行了都市内 6G 通信网的研究尝试。爱立信公司于 2022 年 11 月 22 日宣布，未来 10 年内将在英国投资数千万英镑用于 6G 网络研究，研究领域将包括网络弹性和安全、人工智能、认知网络和能源效率。韩国移动运营商 LG U$^+$ 于 2022 年 6 月 14 日公布与韩国一所公立研究型大学——韩国科学技术院（KAIST）合作进行的 6G 卫星通信研究成果，使用量子计算机优化 6G 通信的低地球轨道卫星网络架构，即使在异常复杂的低轨卫星通信环境中，也可以通过网络优化算法实现与地面通信没有区别的服务。俄罗斯斯科尔科沃科学技术研究院（Skoltech）和无线电研究所（FSBI NIIR）2022 年 7 月宣布，将联合研发 6G 网络技术，该项目将涉及从原型到量产型的开发及网络通信安全等。

（三）6G 智能超表面关键技术研究

日本大阪公立大学将磁性超结构材料作为 6G 的潜在关键技术。2022 年 6 月，日本大阪公立大学研究人员在一种手性自旋孤子晶格（CSL）材料的磁性上层结构中检测到了前所未有的高频共振，磁场减弱时其频率反而升高，这意味着 CSL 材料凭借其优异的结构可控性，可将谐振频率控制在高达亚太赫兹波段的宽带范围内，这将有助于 6G 高频通信技术的开发。韩国蔚山科学技术研究院（UNIST）于 2022 年 8 月 7 日宣布开发了一种新的超表面材料，具有适合用作 6G 通信设备的特性，这项研究得到了韩国国家研究基金会的支持。中国研究人员开发出高安全性 6G 通信的通用超表面天线。2023 年 12 月，中国东南大学与香港城市大学联合研究团队开发出一种全球首创的通用超表面天线，可以同时操控电磁辐射的幅度、相位、频率、极化和方向。这一研究在 6G 无线通信系统、大容量高安全性信息系统、实时成像和无线电力传输等领域具有巨大潜力。

（四）6G 风险防范和赋能技术相关研究

美国研究人员于 2022 年 5 月宣布发现通过 DIY 工具可破坏 6G 信号。美国莱斯大学和布朗大学的工程研究人员发现，通过 DIY 制作的简单工具可破坏 6G 信号。研究人员通过使用办公用纸、喷墨打印机、金属箔转印机和层压机制作出一种具有特殊图案的薄片，可以对 150 GHz 的 6G 信号进行重定向操作。研究人员表示，虽然 150 GHz 的频率高于当今 5G 蜂窝或 Wi－Fi 网络中使用的频率，但这项研究有助于提前意识到风险的存在，并帮助在未来有效应对。韩国标准科学研究院于 2023 年 11 月开发出 6G 候选频段标准，即制定了 D 波段（110～170 GHz）的电磁波测量标准，该标准不仅适用于 6G，也适用于所有利用 D 波段频率电磁波的领域。此外，Space－X、OneWeb、Amazon 等也纷纷在 2022 年推出了卫星互联网计划，作为后续 6G 的潜在赋能技术。

（五）开展 6G 国际合作研究

日本与欧盟于 2022 年 5 月宣布已就双方在数字领域强化合作达成一致，将面向 6G 技术的实用化开展联合研究。双方还将强化在网络安全、人工智能等方面的统一步调，共享应对网络攻击的有效策略，并讨论如何避免人工智能被恶意利用。诺基亚将与日本电信公司 DOCOMO 和 NTT 合作，共同定义和开发面向 6G 的关键技术。

英国与韩国宣布将共同合作开发 Open RAN 技术，旨在降低通信服务的成本、提高效能，英国为此将投资 160 万英镑。此外，进行 6G 研发长达 3 年的韩国三星电子于 2022 年 10 月 14 日宣布在英国设立一个新的研究组，专注 6G 网络及设备技术的研发。

中国东南大学联合华南理工大学、新加坡国立大学等科研机构于 2022 年 6 月 11 日宣布开发出了一种电磁脑机超表面（EBCM），为世界范围内首次报道的用意念控制超材料，并将意念远程传输的原创工作，只需要接收简单的指令，就可以实现视束扫描（visual－beam scanning）、波浪调制（wave modulations）、模式编码（pattern encoding）等电磁功能。

五、发展趋势

根据美国市场研究机构 Market Research Future 2022 年发布的研究报告，全球 6G 市场规模将在 2030—2040 年以 58.1% 的年均复合增长率增长，并于 2040 年达到 3400 亿美元的规模。报告指出：按组件划分，基础设施/硬件将在预测期内引领市场；按通信基础设施划分，固定设施将主导市场；按设备使用情况划分，移动设备将引领市场；按最终用途划分，工业用途将占有最大份额。在 5G 向 6G 演进的过程中，6G 网络将主要呈现四大发展趋势。

（一）网络架构向空天地一体化方向发展

6G 网络需要有更加庞大异构的网络、更多类型和特性的终端机网络设备、更加复杂多样化的业务类型和应用场景，因此需要 6G 网络架构可实现自配置、自适应、自修复的发展目标。实现 SDN、NFV、网络切片和服务化架构向 6G 网络的演进，云计算、雾计算和边缘计算在 6G 网络中的融合互补等。基于空天地一体化的 6G 网络架构，实现地面蜂窝网与包括卫星、高空平台、无人机在内的空间网络相互融合，构建起全球广域覆盖的空天地一体化三维立体网络，为用户和物联网设备提供无盲区的宽带移动通信服务。

（二）网络性能向更高速率更广频谱方向发展

6G 时代新型服务的网络性能指标，可参照 3GPP R15/R16/R17 对 5G 新服务的需求，结合高清、高自由度、人眼极限视频带宽与可靠性的要求，以及自动驾驶定位精度要求和空中基站移动速度要求等，初步估计 6G 网络性能在峰值传输速率、用户体验速率、端到端时延、可靠性、流量密度、连接数密度、移动速度、频谱效率、定位能力、网络能效等指标上，都会较 5G 有很大的提升。6G 通过引入速率提升技术、X-Layer 技术、全双工技术、确定性技术、海域覆盖技术等，可实现卓越的网络性能。

（三）网络功能向通感算一体化智能化方向发展

6G 网络功能可实现感知与通信、计算功能的相互补充。通信信号可用于新的感知与计算功能，如高精度定位、手势和活动识别、目标检测与追踪、成像、环境目标重建等。感知功能可以在路径选择、信道预测和波束对齐等方面辅助并提高通信与计算的服务质量与性能。6G 网络通过网络支持感知和感知融合通信，实现一网多能、融合共生。同时，网络运营从以网络智能化运维达到节省运营成本的目的，向以智能化助力网络业务发展和流量经营转变，并最终实现网络对人工智能的内生支持。

（四）网络能耗向绿色化轻量化方向发展

6G 网络设施的基本要求就是网络的节能高效。高能效的 6G 网络需要优化密集网络部署（传输距离更短）、集中式无线接入网络架构（小区站点更少、资源效率更高）、节能协议设计、用户与基站配合等诸多方面。未来的 6G 网络需要有明确的低碳减排目标，即以绿色节能为基本原则，注重提升系统的能量效率，实施生态运营，做到真正的内生节能、内生智能和内生安全。因此，6G 节能高效的实现，将加速推动各大产业的节能和绿色化改造。同时，智能高效的网络架构和基础设施，也将助力 6G 网络达到节能高效的目标。

（执笔人：许晔）

参考文献

［1］廖建新，王晶，王敬宇，等 . 6G 网络按需服务关键技术［M］. 北京：人民邮电出版社，2021.

［2］童文，朱佩英 . 6G 无线通信新征程：跨越人联、物联，迈向万物智联［M］. 北京：机械工业出版社，2021.

［3］TONG W，ZHU P. 6G The next horizon：from connected people and things to connected intelligence［M］.Cambridge：Cambridge University Press，2021.

第二章　脑机接口

脑机接口是脑科学、神经工程、人工智能、信息技术交叉的前沿科技领域，可广泛带动科研、医疗、教育、工业、娱乐领域的发展。脑机接口可能将率先应用于医疗康复行业，接着是虚拟现实“元宇宙”及智能驾驶等领域。脑机接口的近期目标是让那些失去能力的人重新获得能力。但从长远来看，这项技术也是为了创造另一个层次的人脑功能和执行功能，让人类最终实现意念操控机器人。目前脑机接口应用场景包括机械肢体和轮椅、无线耳机、辅助交流、智能手机和智能家居设备、无人机等。2024 年 2 月，科学技术部发布《脑机接口研究伦理指引》，意在指导脑机接口研究合规开展，防范脑机接口研究与技术应用过程中的科技伦理风险。

一、技术概述

（一）脑机接口概念

脑机接口（brain–computer interface，BCI 或 brain–machine interface，BMI），通常是指不依赖常规的脊髓或外周神经肌肉组织系统，在有机生命形式的脑与外部环境之间建立的一种新型信息交流与控制通道，以实现脑与外部设备之间的直接交互。可简单理解为，脑机接口是一个可以从大脑里提取信号来控制外部设备并实现直接交互的接口。

（二）脑机接口系统组成

一个完整的 BCI 系统通常包含 4 个部分：信号采集、信号处理、通信设备、反馈环节。

信号采集即脑机接口系统实现感知和测量大脑信号。该组件主要负责接收和记录神经元活动产生的信号，并将这些信号传递给脑机接口系统的下一个组件（处理单元），用于信号改善和噪声衰减。信号采集方法一般分为 3 类：侵入式、半侵入式和非侵入式。

信号处理包括特征提取和转换算法两个步骤，特征提取是指提取用于用户意图编码的信号特征，转换算法是指将提取的信号特征转换为通信指令。

通信设备从信号处理阶段接收信息，然后将信息发送给外部设备，以便于实现用户意图。最常用的设备是计算机，其他常用的交互设备包括人工耳蜗、智能眼镜、轮椅、机械臂、神经义肢或其他辅助设备。在日常生活中，设备还包括智能家居、智能机器人、实时翻译、虚拟现实设备、游戏设备等。

反馈环节则是实现脑机接口所具有的自适应闭环控制系统功能，即为了取代传统的神经肌肉输出通道，用户产生特定的大脑信号并给出编码后的神经信号，脑机接口将这些信号进行解码、转换和优化输出，从而完成用户意图。

（三）脑机接口技术类型

脑机接口按照信号采集方法的不同，可主要划分为侵入式、半侵入式和非侵入式 3 种，这种分类是当前脑机接口技术类型划分的主流方式。

侵入式技术。该技术通常需要进行神经外科手术，将微电极直接植入大脑皮层的特定部位进行脑内特定功能区域信号的采集和监测，该方法具有高精度、高分辨率、高信噪比的优势，但因其需要将探针植入灰质，可能会造成一些神经元细胞的坏死，对人类受试者植入时往往涉及伦理问题。

同时，随着时间的推移，电极植入区域及周围易形成瘢痕组织的积聚，从而导致采集到的信号变弱，甚至有可能采集不到信号。

半侵入式技术。该技术是将装置植入脑膜与灰质（大脑皮层）之间，进行脑皮层信号采集，该方法采集的信号更加清晰，具有更好的精度和灵敏度，该方法被认为是实现长期使用脑机接口的更好选择，但目前关于该方法长期使用性能的研究却较少。

非侵入式技术。该技术是将电极阵列贴附在头皮上，运用精密复杂的仪器仪表实现多路脑电图信号同时采集、分析，以获得大脑不同区域细胞群自发性、节律性电活动所产生的电位差随时间变化曲线，但因其是透过头盖骨和头皮组织接受脑电信号，通常无法收集到脑电信号的细节。

二、各国战略部署

（一）美国

美国在脑机接口技术研发和应用方面一直走在世界前列，这取决于联邦政府的顶层设计，以及提供基础研究和应用场景支持的各联邦政府部门对“脑计划”的具体实施。

奥巴马政府于 2013 年 4 月宣布实施“脑计划”（The Brain Research Through Advancing Innovative Neurotechnologies，BRAIN），该计划是美国于 1989 年提出的脑科学计划（National Brain Initiative）的重要组成部分，旨在探索人类大脑工作机制、绘制脑活动全图、推动神经科学研究、针对目前无法治愈的大脑疾病开发新疗法。BRAIN 计划为了在新技术开发及理论和数据分析方面取得快速发展，鼓励神经生物学家与来自统计学、物理学、数学、工程学、计算机和信息科学的科学家开展合作。BRAIN 计划包括 7 个优先领域（表 2–1）。美国国立卫生研究院 2014 年 6 月发布的 *BRAIN 2025：a scientific vision* 报告中指出，BRAIN 计划每年需要 3 亿～5 亿美元的资金支持。

表 2-1　美国 BRAIN 计划未来 12 年愿景展望的 7 个优先领域

序号	领域	目标
1	多样性研究	识别不同的脑细胞类型并确定它们在健康和疾病中的作用
2	多尺度映射	生成从突触到整个大脑分辨率不同的电路图
3	大脑活动	通过对神经活动的大规模监测，生成大脑功能的动态图像
4	因果关系研究	通过改变神经回路动力学的精确介入工具将大脑活动与行为联系起来
5	确定基本原则	通过开发新的理论和分析工具，为理解心理过程奠定概念基础
6	推进人类神经科学	开发创新技术以了解人脑并治疗其疾病，创建和支持人脑研究网络
7	从脑计划到大脑	应用新的技术/概念方法来发现神经活动模式如何转化为认知、情感、感知和行动

美国 BRAIN 计划的参与主体涵盖联邦政府部门、私营行业领袖、慈善家、非营利组织、基金会、学院和大学等。政府部门包括美国国防高级研究计划局（DARPA）、美国国立卫生研究院（NIH）、国家科学基金会（NSF）、美国食品药品监督管理局（FDA）、美国情报高级研究计划局（IARPA），以及后来加入的美国能源部（DOE）。主要基金会、私人研究机构和公司包括霍华德·休斯医学研究所、艾伦脑科学研究所、卡夫利基金会、西蒙斯、通用电气、葛兰素史克、谷歌及其他组织和大学。BRAIN 计划也得到了非联邦合作伙伴的支持。主要基金会、私人研究机构、大学和患者倡导组织承诺资助超过 2.4 亿美元，国家光子计划的成员、太平洋西北神经科学社区等区域集群，以及 GE、葛兰素史克和 Inscopix 等公司也承诺超过 3000 万美元的研发投资。

美国白宫科技政策办公室（OSTP）于 2016 年发布《国家人工智能研发战略计划》，提出要促进类人人工智能研究等。2019 年 6 月，OSTP 公布《国家人工智能研发战略计划》（2019 年更新版），提出开发补充和增强人能力的人工智能系统，包括在固定设备（如计算机）上工作的算法、可穿戴设备、植入设备（如大脑接口），以及特定的用户环境（如特别定制的手术室）等。2019 年 10 月，美国 BRAIN 2.0 工作组发布《大脑计划与神经伦理学：促进和增强社会中神经科学的进步》报告，对其 5 年前提出的《BRAIN 2025：科学愿景》实施情况和未来发展进行了梳理和展望。此外，OSTP 又于 2020 年发布《引领未来先进计算生态系统：战略计划》，提出将为包括神经形态、生物启发、量子、模拟、混合和概率计算在内的新兴技术能力提供试验场。

美国国防高级研究计划局（DARPA）早在 2002 年就推出了“脑机接口”（BMI）计划，随后又推出了“人类辅助神经设备”（HAND）计划，从而更深入地研究了脑机接口领域。这些早期项目应对了多种脑机接口挑战，包括假体设备的感觉运动控制、记忆编码的简化、视觉输入的解码、动态神经解码算法的开发，以及高分辨率神经成像新设备的开发。这些由 DARPA 资助的工作提供了许多基础发现和基础技术，使得脑机接口领域的最新发展成为可能。

美国国立卫生研究院（NIH）于 2018 年 11 月宣布将进一步加大对“脑计划”研究项目的投资，将为超过 200 个新项目投资 2.2 亿美元，这使得 2018 年对该计划的支持总额超过 4 亿美元，比 2017 年高 50%，新项目包括各类用于脑部疾病检测和治疗的“无线光学层析成像帽”“无创脑机接口”“无创脑刺激装置”等，以及帮助解决疼痛和阿片类药物依赖的创新研究等。

（二）欧盟

欧盟的人脑计划（Human Brain Project，HBP）是欧委会未来与新兴技术的旗舰项目，于 2013 年启动，主要致力于神经信息学、大脑模拟、高性能计算、医学信息学、神经形态计算和神经机器人研究。

该计划是迄今为止欧洲最大的研究项目之一，主要分为3个阶段：①快速启动阶段（2013年10月—2016年3月），建立信息与通信技术平台，并收集相关战略数据；②计算运作阶段（2016年4月—2018年8月），加强数据收集及平台新功能补充，积极展示信息与通信技术平台在人脑基础研究、医疗引用和未来计算技术方面的成果；③稳定阶段（最后3年），将人脑计划发展成脑科学研究领域的永久性资产，重点推进大脑网络、大脑在意识中的作用、人工神经网络3个核心科学领域，建立并拓展研究基础设施EBRAINS，以帮助推进神经科学、医学、计算和类脑技术。

人脑计划覆盖神经科学、未来计算、未来医学三大技术领域，下设旗舰目标与核心项目目标两类。旗舰目标：为大脑研究、认知神经科学和其他受大脑启发的科学学科创建、运营一个欧洲科学研究基础设施；收集、梳理和传播描述大脑及其疾病的数据；模拟大脑；为大脑构建多尺度支架理论和模型；开发类脑计算、数据分析和机器人技术；确保人脑计划的工作以有效、负责的方式落地开展并造福于社会。核心项目目标是设置小鼠大脑组织、人脑组织、系统和认知神经科学、理论神经科学、神经信息学平台、大脑模拟平台、高性能分析和计算平台、医学信息平台、神经形态计算平台、神经机器人、社会伦理及人脑计划项目管理12个子项目，其中前4个项目中神经科学占主导地位，项目5～项目10中通信技术基础设施工作承担了更重要的角色。

与其他国家的脑科学计划相比，欧盟的人脑计划更侧重通过超级计算机技术来模拟脑功能。虽然人脑计划里没有明确提及脑机接口，但脑计划项目离不开脑机接口技术与设备的支撑，社会伦理的研究也为脑机接口的发展与应用提供了依据。

（三）日本

随着脑机接口技术在全球范围内的发展，日本政府在长期战略方针“创新25”生命科学领域战略重点科学技术部分提出了脑机接口（BMI）技术的研发。在“科学技术重要施策行动计划”中也提出，针对老年人或残障人士的认知功能、身体技能辅助及介护预防机制，基于BMI技术、网络技术、机器人技术等研发，开展“脑科学研究战略推进项目”（文部科学省）、“利用大脑机制的创新型研发项目”（总务省），提高日本老龄社会下人民的生活水平。此外，还相继发起“创新脑”“国际脑”“脑·心研究推进计划”等一系列脑科学计划，以对人脑认知功能进行开发、模拟和保护。

2021年，日本医疗研究开发机构（AMED）在文部科学省的资金支持下，开始实施“脑·心研究推进计划”，旨在通过基础研究和临床研究相结合的双向精神及神经系统疾病研究、跨疾病跨领域的研究战略等，进行精神和神经系统疾病的诊断及治疗的技术探索。还通过解析灵长类等高等动物大脑神经网络的机制，促进对人类大脑工作原理的理解，从而实现精神、神经系统疾病的早期发现和早期干预，提升信息处理技术。文部科学省的“脑科学战略研究推进项目”，自2008年开始实施，2015年由AMED管理。该项目旨在推进脑科学领域的研究，实现脑科学技术在社会中的应用，重点开展脑机接口、脑计算机研发和神经信息相关的理论构建。

日本总务省综合科学技术会议在《2011年科学技术重要政策行动计划》中提出实施“利用大脑机制的创新型研发”项目。该项目是新的发展战略——“通过生活创新实现健康大国战略”的一个环节，项目周期为2011—2014年，预算共计27.26亿日元，旨在突破当下脑机接口技术只能用于特定场合的困境，研发能够用于日常生活的脑机接口技术，并提高老年人、残障人士的社会参与度。

日本科学家于2014年发起了“基于创新技术的大脑功能网络研究项目”（“创新脑”项目，Brain Mapping by Integrated Neurotechnologies for Disease Studies，Brain MINDS），目标是建立大脑发育和疾病发生的模型，加快对人类大脑疾病（尤其是神经退行性疾病）的研究。

日本“战略性国际脑科学研究推进项目”（“国际脑”项目，Brain MINDS Beyond）于2018年开始实施，到2024年为止，目的是加强与世界各国的科研合作，以提高日本脑科学研究的国际竞争力，为日本及全世界的脑科学研究做出贡献。研究方面，旨在通过研究人体从正常到发病过程的脑图变化、利用AI技术研发脑科学技术、对人类与其他灵长类动物的神经网络进行比较研究，深入研究人类神经网络，以实现精神和神经系统疾病的早期发现和早期干预。

2017年3月，日本人工智能技术战略会议发布《人工智能技术战略》，阐述了日本政府为人工智能产业化发展所制定的路线图，包括3个阶段：第一阶段（2020年以前），在各领域发展数据驱动人工智能应用；第二阶段（2021—2030年），在多领域开发基于人工智能技术的公共事业；第三阶段（2030年以后），建立多领域交叉融合的人工智能生态系统。在具体的技术发展方向上，日本将重点放在“以信息通信技术为基础（灵活运用大数据）的人工智能技术”和“以大脑科学为基础的人工智能技术”上。

（四）俄罗斯

2021年，俄罗斯的CNews脑科学计划正式启动。早在2019年，俄罗斯科学院（RAS）院长和莫斯科罗蒙诺索夫国立大学（MSU）校长就向俄罗斯总统弗拉基米尔·普京提交了用于研究大脑的联邦科学和技术计划项目——“大脑、健康、智能、创新”，该计划的预算为540亿卢布，主要目标是了解大脑的原理，对抗神经退行性疾病，支持神经形态人工智能的发展，创建脑机神经接口，对抗数字痴呆。2020年秋天，总统普京在回应信件中指示，政府将支持这一计划并指定专人具体落实。2021年6月，俄罗斯科学和高等教育部正式公布了相关计划。

该计划在2021—2029年实施，总计投入540亿卢布。由科学和高等教育部、卫生部、经济发展部、数字化部、工业贸易部、联邦医疗和生物局及Rostec国有公司负责执行。一是，突出了神经技术方向，重点关注下一代人工智能科学平台的发展——神经形态人工智能。二是，将创建用于记录、分析和定向调节大脑活动的新方法和工具，将开发和测试新的神经光子，如光、热、化学发生及其他用于监测和选择性控制大脑功能的技术。三是，将研究大脑发育和功能的基本机制、表观遗传调控过程的作用、细胞间信号传导、神经元和神经胶质细胞的可塑性、神经发生和神经变性。四是，将研究大脑认知活动的神经生理学基础、智能学习和记忆的功能，包括用于神经形态人工智能系统的高级开发。

三、总体发展情况

（一）论文产出

经检索，脑机接口 2013—2022 年共计有相关论文 16 672 篇。

1. 国际论文历年数量

图 2–1 显示的是脑机接口 2013—2022 年国际论文历年数量。从中可以看出，脑机接口领域的国际论文呈现出波动上升趋势，可见该领域是研究的热点领域。

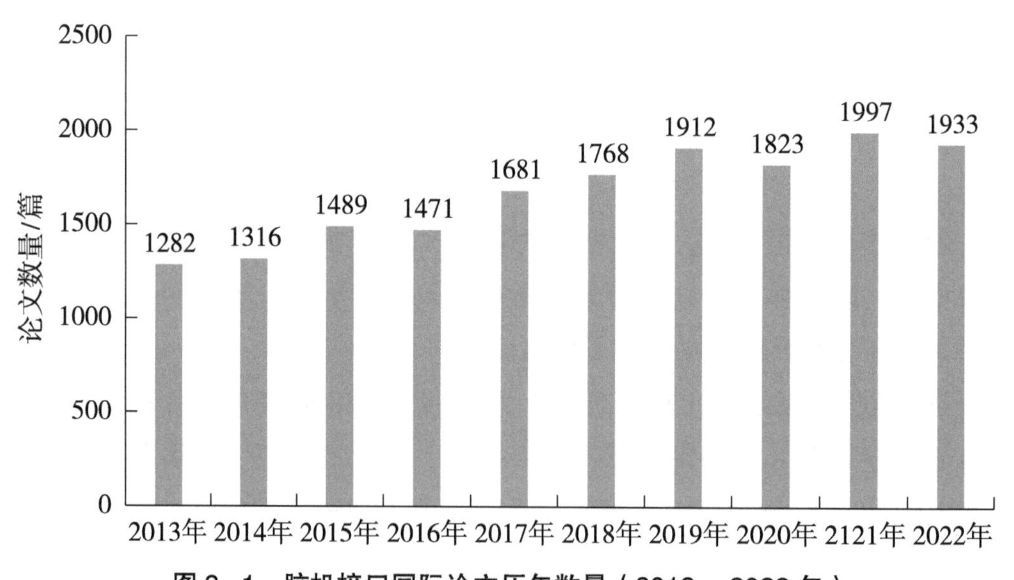

图 2–1　脑机接口国际论文历年数量（2013—2022 年）

2. 不同国家论文数量排名（TOP 10）

图 2-2 显示的是脑机接口 2013—2022 年不同国家/地区论文数量排名情况。从中可以看出，该领域论文数量排名前 3 的分别是中国大陆、美国和英国，来自中国大陆的论文数量以 5869 篇遥遥领先于其他国家/地区，美国和英国的论文数量分别为 3547 篇和 1643 篇。排名前 10 的国家/地区还有日本、韩国和印度，其余均为欧美发达国家。

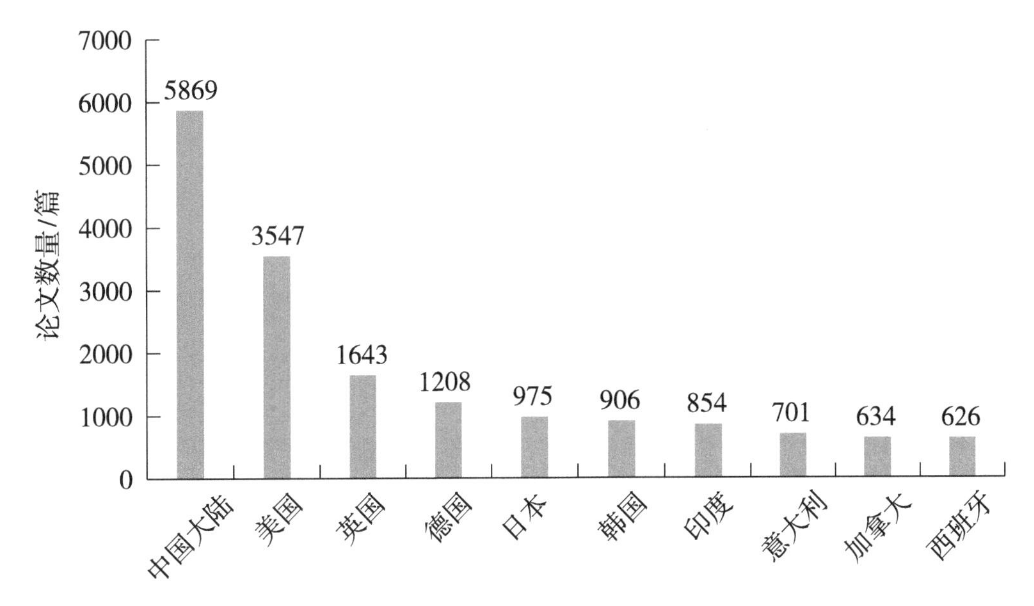

图 2-2　脑机接口不同国家/地区论文数量排名 TOP 10（2013—2022 年）

3. 国际机构论文数量排名（TOP 10）

图 2-3 显示的是脑机接口 2013—2022 年国际机构论文数量排名情况。从中可以看出，加州大学系统、中国科学院和加州大学圣地亚哥分校位列前三，其论文数量分别为 572 篇、389 篇和 294 篇。排名前 10 的机构论文数量均不低于 200 篇。我国的天津大学、清华大学位列第九和第十。

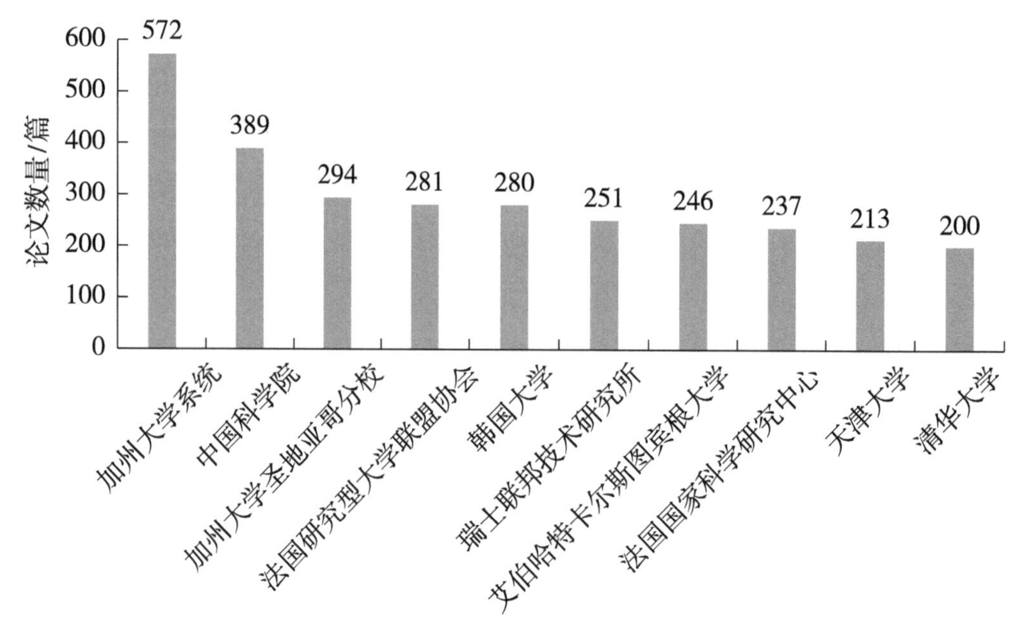

图 2–3　脑机接口国际机构论文数量排名 TOP 10（2013—2022 年）

4. 高被引论文作者所属国家/地区排名（TOP 10）

图 2-4 显示的是脑机接口 2013—2022 年高被引论文作者所属国家/地区排名情况。其中，美国以 364 篇名列第一，中国大陆以 202 篇名列第二，德国以 151 篇名列第三，排名前 10 的国家/地区中亚洲还有日本、韩国和新加坡。

（二）专利产出

1. 国际专利申请数量

图 2–5 显示的是脑机接口 2013—2022 年国际专利申请数量，在此期间共有 6745 件专利，同族合并后共有 4395 项专利族。可以看出，脑机接口领域的专利申请数量呈现出波动上升态势，专利申请数量在 2022 年达到最高值 752 件。

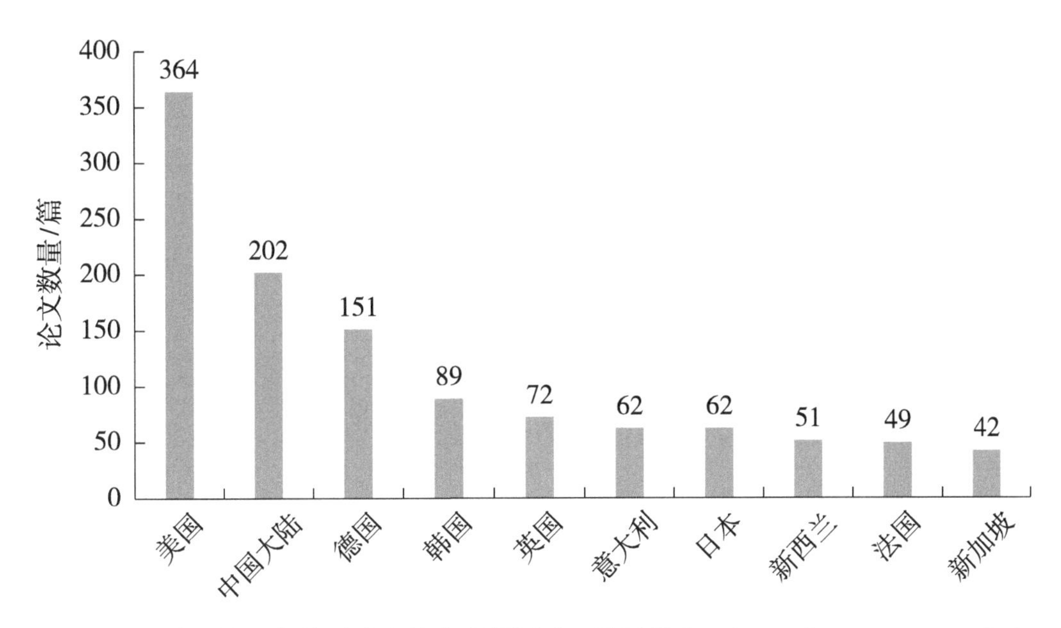

图 2-4　脑机接口高被引论文作者所属国家 / 地区排名 TOP10（2013—2022 年）

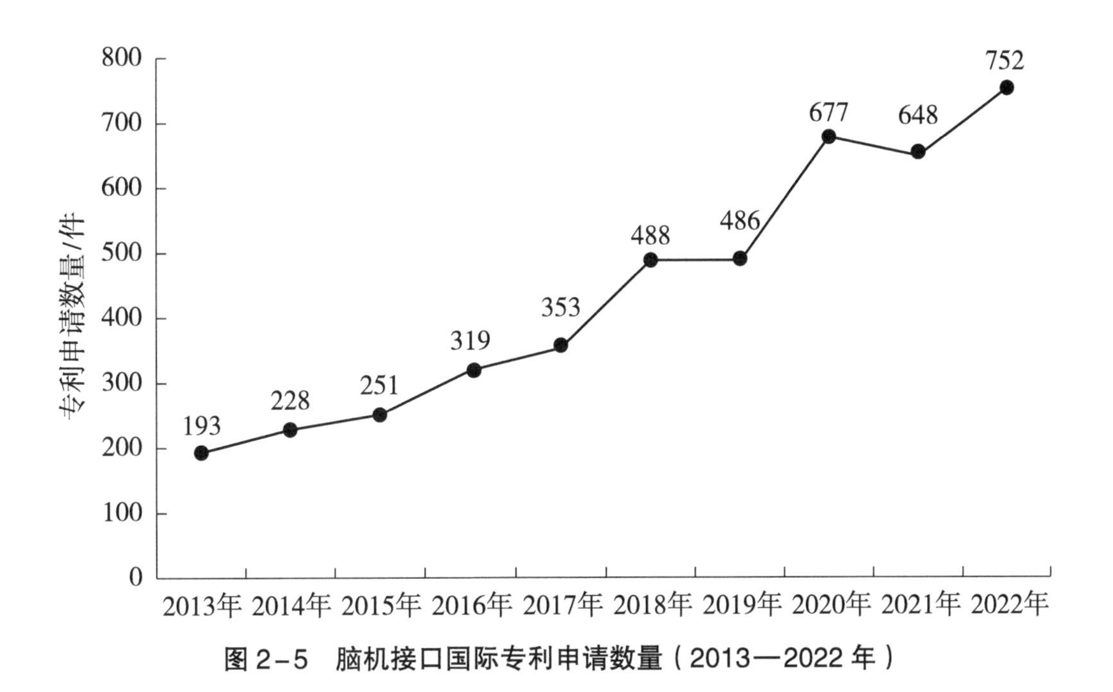

图 2-5　脑机接口国际专利申请数量（2013—2022 年）

2. 专利申请人国别/地区排名（TOP 10）

图 2-6 显示的是脑机接口 2013—2022 年专利申请人国别/地区排名情况，排名前 3 的分别是中国大陆、美国和韩国，专利申请数量分别为 2329 件、1180 件、182 件。

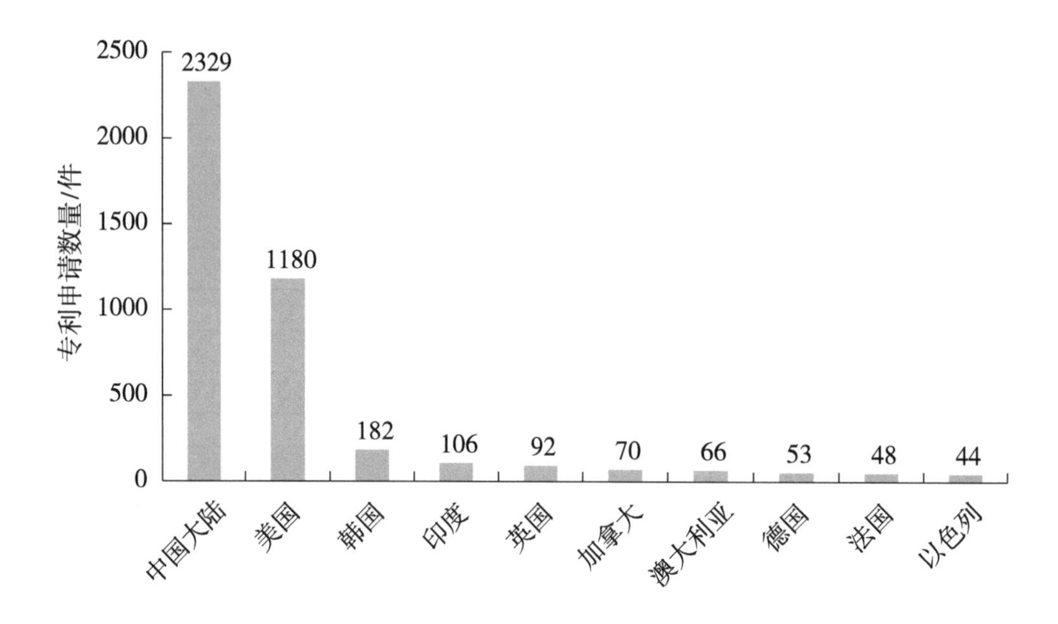

图 2-6　专利申请人国别/地区排名 TOP 10（2013—2022 年）

3. 专利标准化申请人排名（TOP 10）

根据申请人（专利权人）的专利数量统计申请人排名情况，该分析可以发现创新成果积累较多的专利申请人，并据此进一步分析其专利竞争实力。

图 2-7 显示的是脑机接口 2013—2022 年专利标准化申请人排名情况。从标准化申请人的排名情况可以看出，排名前 3 的分别是天津大学、杭州电力科学研究院和华南理工大学，其中天津大学以 111 件专利申请数量领先于其他申请人。申请人主要为大学，我国大学占据了主要的地位，这与专利统计年限有关，说明我国大学近 10 年在该领域的创新很活跃。

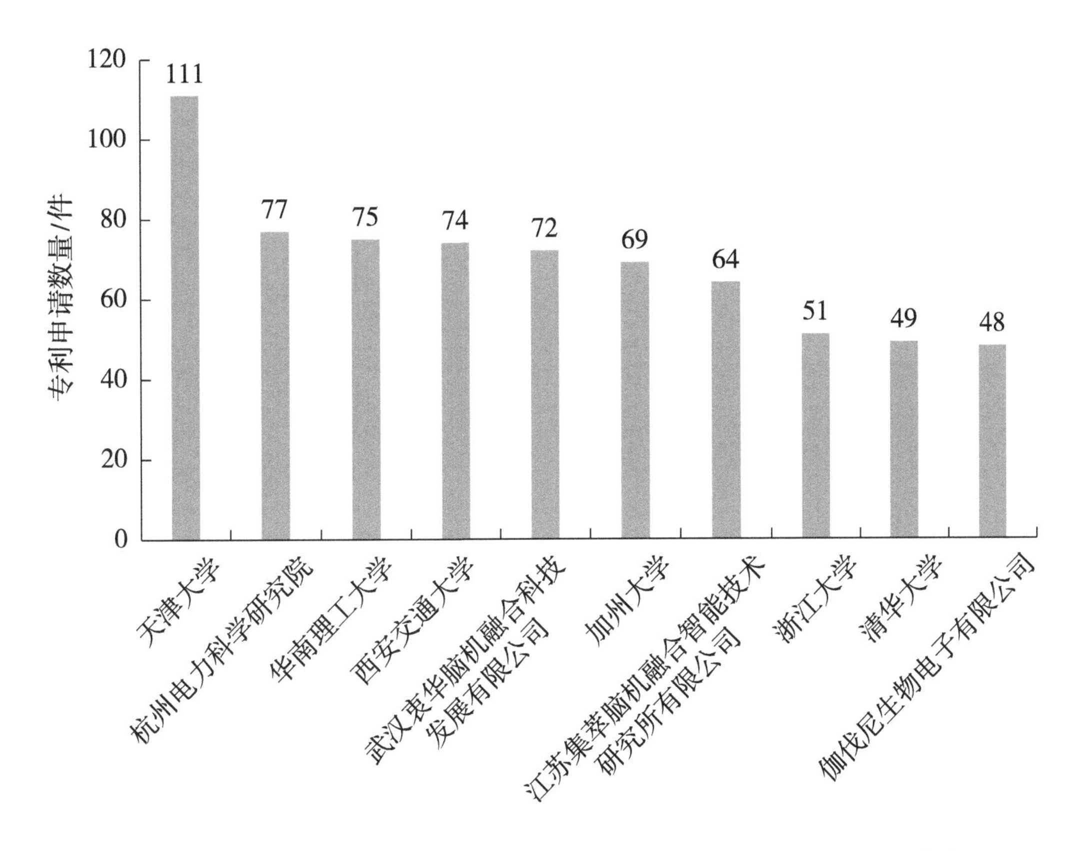

图 2-7 脑机接口专利标准化申请人排名 TOP 10（2013—2022 年）

4. 专利优先权国别/机构排名（TOP 10）

图 2-8 显示的是脑机接口 2013—2022 年专利优先权国别/机构排名情况。从图中可以看出，专利优先权排名前 3 的分别是美国、韩国和欧洲专利局，数量分别为 1182 件、57 件、38 件。其余国家/机构的数量均较少。

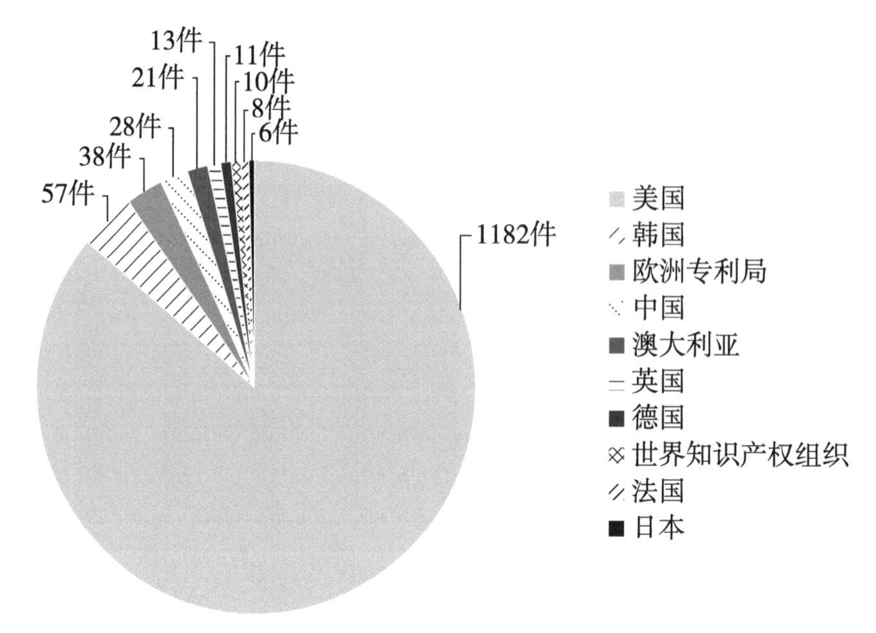

图 2-8　脑机接口专利优先权国别/机构排名 TOP 10（2013—2022 年）

四、全球研究进展

2022 年以来，脑机接口领域在多个方面有重要进展。植入式脑机接口方面，神经假体、新型柔性电极、刺激目标数量等有重要进展。非植入式脑机接口方面，人体血管植入脑机接口等技术是脑机接口领域的巨大进步。

（一）植入式脑机接口

在脑机接口神经假体研究方面，美国加州大学旧金山分校的科研团队于 2022 年 11 月设计了一个神经假体，该神经假体能提取大脑皮层数据中的神经特征，将人类脑活动转译为单个字母，实时拼出完整句子。由该神经假体构成的拼写系统能够从 1152 个单词的词汇表中以每分钟 29.4 个字符的速度生成句子，平均字符错误率仅为 6.13%，且可以推广到包含 9000 多个单词的词汇表中，平均错误率也只有 8.23%。该研究成果凸显了无声控制的语言神经假体通过基于拼读的方法生成句子的巨大潜力，相关研究成果已发表在《自然·通讯》期刊上。

在脑机接口新型柔性电极研究方面，首都医科大学附属北京天坛医院、斯坦福大学、天津大学的研究人员于 2022 年 3 月共同研发出应用于脑机接口的新型柔性电极，该电极由 2 微米大小的电极点组成，是目前世界上精度最高的柔性可拉伸微阵列电极。该电极可帮助医生精确地“看”到大脑的神经核团、功能区，最大限度地保护患者的大脑功能、减少致残致死情况。相关研究成果发表于 *Science* 期刊。

在脑机接口电极阵列研究方面，美国加利福尼亚大学圣地亚哥分校的研究人员于 2022 年 3 月开发出一种升级版的脑机接口阵列，能更好地适应大脑起伏的表面，从而在大范围内实现更好的接触和信号记录。该技术改进了基于微针的传统脑机接口刚性阵列，将微针附在软背衬上，使阵列贴合大脑。此外，新阵列使用的微针数量是现有技术的 10 倍，可覆盖更多的大脑区域。研究人员已经在啮齿动物身上测试了该阵列，并获得植入物 196 天寿命的记录，这表明该技术适合长期植入。该技术将帮助改善脑机接口系统，提高用户控制轮椅、假肢等外部设备的能力。与此同时，在 2022 年 6 月，美国约翰斯·霍普金斯大学的研究团队为一名因脊髓损伤导致上半身瘫痪的男性患者植入脑机接口，使其通过脑机接口操纵机械臂使用刀叉，独立完成进食。研究人员向患者大脑的运动和体感皮层中植入了 6 个由 Blackrock Neurotech 公司开发的 NeuroPort 电极阵列。患者以此控制两只机械臂使用刀叉，切下一小块甜点，并用叉子送到嘴边进食。该技术的最大进步之一是将机器人的自主性和人类有限的输入信息相结合，由机器人完成大部分工作，同时用户还能根据自身情况或喜好自定义机器人的行为，相关研究成果发表于《神经机器人学前沿》(*Frongtiers in Neurorobotics*) 期刊。

在脑机接口介入式技术研究方面，南开大学和上海心玮医疗科技股份有限公司于 2022 年 6 月联合研发的首款介入式脑机接口成功完成动物实验。

该团队采用治疗中风的神经介入技术，通过静脉将脑电传感器植入大脑运动皮层、视觉皮层等脑区后，神经支架膨胀，将电极挤压在靠近大脑的血管壁上，从而获得响应脑区信号。介入式脑机接口技术无须颅骨钻孔或开颅手术，仅通过类似心脏搭桥的微创手术便可实现脑机连接，并能在两小时内完成植入。该试验是中国首次在羊脑内实现介入式脑机接口并成功采集到脑电信号，对推动中国脑科学领域发展，以及治疗神经疾病，改善脑和脊髓问题引起严重瘫痪患者的功能独立性方面具有重要意义，未来市场前景广阔。

在脑机接口无线技术研究方面，美国莱斯大学、杜克大学、布朗大学和贝勒医学院的研究人员于 2022 年 7 月开发出可在一秒钟内远程激活果蝇特定大脑回路的无线技术。研究人员利用基因工程技术在神经元中表达一种特殊的热敏离子通道，再使用磁信号对其进行激活，以此通过磁信号来控制自由移动的果蝇，使其做出特定的行为。这项新技术激活神经回路的速度比之前对基因定义的神经元进行磁刺激的最佳技术快 50 倍，且在精确的时间激活基因目标细胞的能力可成为研究大脑、治疗疾病和开发直接的脑机通信技术的有力工具。相关研究成果发表于《自然·材料》（*Nature Materials*）期刊。与此同时，瑞士威斯生物和神经工程中心（Wyss Center for Bio and Neurnoengieering）于 2022 年 11 月，公布 ABILITY 脑机接口系统所获最新临床前神经数据，其设备性能和数据质量证明了该系统的安全性、有效性和连接不同电极的灵活性。ABILITY 是一种无线植入式医疗设备，配有两个比豌豆还小的微电极阵列，可通过非常小的大脑区域高精度解码精细运动意图，高频率记录 128 个神经数据通道，以观察和记录单个神经元的活动，该设备通过皮肤无线传输数据，并以感应方式通过皮肤无线供电，旨在长期植入和供侧索家庭使用，可用于帮助肌萎缩硬化症、脑干中风或脊髓损伤导致的严重瘫痪患者恢复沟通和运动能力。该研究强调了突破性植入技术的临床需求，以提高患者和护理人员的易用性。

（二）非植入式脑机接口

在非植入式脑机接口研究方面，美国脑机接口公司 Synchron 于 2022 年 4 月宣布人体血管植入脑机接口技术是安全的，使患者在不进行侵入性脑部手术的情况下完成日常生活事务，这是脑机接口领域的一个巨大进步，有可能改变全球数百万名脑疾病患者的生活。与此同时，美国 Meta AI 研究团队于 2022 年 9 月开发出一个对比学习模型，可以根据大脑活动的无创记录解码语音。该研究通过非侵入性技术获取了 169 名志愿者的开源录音，并将其作为训练数据集对该团队先前研发的开源自监督学习模型 wav2vec2.0 进行训练，同时该非侵入性大脑信号还会输入到一个由带有残差连接的标准深度卷积网络组成的“大脑”模型中。该团队通过对齐语音及其相应的大脑活动，找出“大脑”模型输出的对应语音，实现从大脑信号中解码语音。该研究有助于 AI 在人类大脑方面的应用，未来可能创造与计算机交互的新方式。

五、发展趋势

据麦肯锡 2020 年发布的相关研究预测，未来 10～20 年，脑机接口产业在全球范围内每年直接产生的经济规模可达 700 亿～2000 亿美元。从近期和远期的发展来看，脑机接口主要呈现三大发展趋势。

（一）脑机接口将应用于医疗健康服务

随着脑机接口技术的发展，技术精准性、便携性、安全性和易用性将不断提高，可以实现更加准确的信息传输和更加精细的脑功能控制，从而实现更好的信号处理、特征提取和模式识别，还可以采用先进的能源技术和高效的算法，实现更高的能源效率和更长的续航时间等，主要应用包括脑机接口设备、大脑检测系统、多动症脑机接口反馈治疗等。借助脑机接口技术，还将可能治疗或改善残障人士的疾病状况。

（二）脑机接口将成为一种“以想行事”的常态化行为方式

脑机接口通过充当新型的实践工具和劳动工具，使人的实践方式与劳动方式发生颠覆性变化：人可以不动用肢体进行物理上的动作，可以凭头脑中的“运动想象”去达成实践效果或取得劳动成果，从而实现“知行合一”。例如，脑机接口应用于电脑游戏，玩家不用任何肢体动作和声音指令，仅靠意识活动来实施对游戏的操控。在日常生活领域，可以帮助人们更有效地操控机器人、无人车、无人机等设备；在生产领域，可以作为新型的劳动工具，使劳动者通过意念控制生产线的运行。

（三）脑机接口还将可能促进人机智能融合实现人类增强

这里包括行动或运动能力、感知和认知能力等，如增强人的体能、提高人的反应速度和精度、扩展人的感知范围、提升记忆能力，以及提高学习效率等。就感知增强而言，未来人们可能通过脑机接口所形成的人工感官去体验一些仅靠我们的天然感官无法体验的感知，如感知紫外光和红外光、超声波与次声波，或感受一些动物可以感知但人类不能感知的对象。就智能增强而言，这就是通过脑机接口将人工智能与人的智能融合为一体，人脑将外在的工具同化为人类自身的一部分，使克服人的“生物学局限性”而走向“超人”或“后人类”成为可能。

（执笔人：许晔）

第三章　基因编辑作物育种

在人类近万年的农业发展史中，作物改良育种发挥了极为关键的作用。随着育种技术的更新换代，转基因育种和基因组编辑育种逐步成为品种改良和培育的常用手段。基因组编辑育种对基因组 DNA 实现靶向修饰，不涉及外源物种遗传片段的引入，技术革新较快，研发成本较低。2012 年和 2013 年，《科学》分别将第二代基因编辑 TALEN 技术和第三代基因编辑 CRISPR/Cas9 技术评为年度世界十大科学进展之一。2015 年，《科学》将 CRISPR/Cas9 系统评为年度十大科学突破之首，CRISPR/Cas 系统也在作物基因组编辑方面表现出巨大潜力，已有多种农作物利用基因编辑改良性状，逐步进入商业化阶段，有望为减少世界饥饿人口、保障粮食安全提供解决方案，推进农业第二次绿色革命。

一、技术概述

现有作物基因组编辑技术主要利用序列特异性核酸酶（sequence-specific necleases，SSNs）为工具，主要包括 3 种类型：锌指核酸酶（zinc-finger nucleases，ZFNs）、类转录激活因子效应物核酸酶（transcription activator-like effector nucleases，TALEN），以及成簇规律间隔短回文重复与关联蛋白（clustered regularly interspaced short palindromic repeats-associated protein，CRISPR/Cas）系统。上述 3 种基因组编辑技术均可在特定位点对 DNA 双链进行剪切使其断裂，通过真核细胞的修复机制，达到特定序列的插入、删除、倒置及易位突变等基因组编辑目的，创造新的遗传变异。

（一）锌指核酸酶（zinc–finger nucleases，ZFNs）

ZFNs 是指由人工设计的锌指 DNA 结合域与非特异性核酸内切酶（通常是 FokI 核酸酶）融合而成的可特异性识别指定 DNA 序列的人工核酸酶。锌指 DNA 结合域可以与碱基三联体通过 12～18 个核苷酸进行特异性结合。由于 FokI 核酸酶以二聚体形式发挥作用，锌指结构域也通常被成对设计以结合切割位点的上下游，从而将其结合的特异性提高到 24～36 个核苷酸。ZFNs 已被应用到多个物种的基因组编辑中，包括果蝇、线虫、斑马鱼、人类等；在植物基因组编辑中的应用包括烟草、玉米、矮牵牛花等。

（二）类转录激活因子效应物核酸酶（transcription activator–like effector nucleases，TALEN）

TALEN 也是一类人工核酸酶，主要由 3 种结构域组成：一个串联型 TALE 重复序列的中央结构域，用于识别特定 DNA 序列；一个含有核定位序列的 N 端结构域；还有一个具有 FokI 核酸内切酶功能的 C 端结构域。和 ZFNs 类似，同样需要设计 TALEN 对，作用于靶位点左右两端的双链 DNA 序列，C 端的两个 FokI 核酸内切酶结合后形成二聚体发挥酶切功能。TAL 靶点识别模块需要根据目标 DNA 序列进行构建，再与 N 末端的核定位序列和 C 端的 FokI 核酸内切酶连接起来，得到完整的 TALEN 组件。与 ZFNs 相比，TALEN 技术编辑效率更高、特异性更强、构建成本更低、载体构建更加简单，逐渐成为 ZFNs 之后的新一代基因组编辑技术。目前，TALEN 技术已被运用在多个物种中，包括人类、线虫、斑马鱼等，在作物中则运用到了烟草、水稻、番茄、马铃薯等上。

（三）成簇规律间隔短回文重复与关联蛋白（clustered regularly interspaced short palindromic repeats–associated protein，CRISPR/Cas）系统

CRISPR/Cas 系统最早在原核生物中（细菌和古细菌）被发现，可以对外源入侵的核酸序列进行识别及特异性降解，是原核生物中普遍存在的一种系统。CRISPR/Cas 系统可划分为两类：一型 CRISPR/Cas 系统需携带多个 Cas 蛋白复合体行使生物学功能；二型 CRISPR/Cas 系统则使用单个 Cas 蛋白，并与 crRNAs（CRISPR RNAs）、tracrRNA（trans–activating crRNA）组成复合体行使生物学功能。二型 CRISPR/Cas 系统是目前最常用于基因组编辑的系统。现阶段 CRISPR/Cas 系统运用最广泛的是 Cas9 复合体和 Cas12a 复合体。CRISPR/Cas 系统在 2013 年实现了人类细胞的基因组定向编辑，由于其高效的编辑效率、简单的构建方式，迅速推动了研究热潮，研究者在动植物多个物种中进行了拓展。作物基因组编辑包括玉米、水稻、大豆、小麦、番茄等，同时利用该项技术对多种重要农艺性状进行了改良。

二、各国战略部署及监管现状

（一）美国：对基因编辑技术作物改良高度重视

美国于 2019 年发布了《至 2030 年推动食品与农业研究的科学突破》，在作物板块提到了基因组编辑系统（如 CRISPR–Cas9）在作物新性状创造上的潜力，肯定了基因组编辑技术在作物改造及应用上的巨大价值，并将基因组编辑技术的飞速发展称为机遇。2019 年 6 月白宫发布了总统文件《农业生物技术产品监管框架现代化》，明确定义了农业生物技术产品应该执行的相关指令。2020 年，美国农业部动植物卫生检验局（APHIS）发布了针对生物技术法规（SECURE 规则）的修订版本，对新兴技术尤其是基因组编辑技术给予了高度关注。2020 年，美国农业部发表《美国农业部科学蓝

图：2020—2025 年科研方向》，提出对新兴技术（如基因组编辑）的社会影响和经济影响进行研究，以了解生产者、受益者及公众对农业基因组编辑技术的参与度。2020 年 5 月，《科学》杂志报道了美国《联邦公报》上的一项新政策，即美国放宽转基因作物规定的相关法规，新法规更注重产品本身而不是创造产品的技术。此项政策的推出可能使基因组编辑作物产品的商业化更加简单高效。例如，利用基因组编辑技术培育一款常规植物，那么此类产品将不再受到监管。

（二）欧盟：实行限制性管理政策

欧盟在应对转基因产物的管理方面一直持谨慎态度，限制性的管理使得欧盟委员会在 2007 年成立技术工作组对作物基因组编辑技术进行风险评估。随着欧盟对基因组编辑技术的关注，各界也在观望欧盟对该类新技术的观点及可能出台的政策。2018 年欧盟法院决定将基因组编辑作物纳入转基因生物立法监管框架，基因组编辑作物必须接受与传统转基因作物同样严格的监管，旨在严格控制不同物种之间转移基因的基因改造方法。2020 年欧洲科学院和人文学院联合会（ALLEA）发布《基因组编辑促进作物改良》，报告对基因组编辑作物的安全性、未来发展潜力、立法举措及知识产权问题等 9 个方面做了陈述，呼吁欧盟取消对该类基因组编辑技术的限制。2021 年 4 月，欧盟委员会启动了一项程序，以修订欧洲新基因组技术（包括基因组编辑）监管法规，意味着欧盟可能放宽作物基因组编辑在农业生产上的限制。2021 年欧盟先后发布了《关于新基因技术在欧盟的地位的研究报告》和《特定新基因组技术生产植物的立法》，就基因组编辑监管方式、相关产品应执行的法律条令等做了说明。

（三）其他国家及地区

随着基因组编辑技术研究热潮的兴起，针对基因组编辑植物的监管，各国家及地区采取的措施也不尽相同。

中国对农业用基因编辑植物实施分类监管。2022年1月，农业农村部出台了《农业用基因编辑植物安全评价指南（试行）》，要求农业用基因编辑植物及其产品按照该项指南进行安全评价的申报，同时指出该项指南主要针对没有引入外源基因的基因编辑植物。

加拿大在2022年发布了《新型食品安全评估指南》，明确了包括基因组编辑作物在内的具有新特性植物的认定。加拿大在其立法中遵循以产品为导向，无论新性状是通过常规育种、传统诱变，还是靶向诱变开发的，监管均基于新植物的特定性状与传统品种的差异比例，当植物中的特定性状与传统品种差异值达到20%～30%时，就需要受到加拿大食品检验局的监管评估。

英国也在2021年发布《基因技术报告》，并于2022年公布《基因技术（精准育种）法案（草案）》，制定了新的监管制度。该法案允许使用基因编辑等技术进行精准育种，在基因编辑作物推广方面，允许农民种植抗旱、抗病作物。根据该法案的规定，英国将引入一个新的“科学简化的监管系统”，促进精准育种方面的更多研究和创新，同时对转基因生物仍将实施严格的监管。

澳大利亚于2019年发布《基因技术法》，修正了《基因技术法2001》相关条款，提出SDN-1（同源修复）生物体不再按照转基因生物被监管。巴西和阿根廷作为全球转基因种植排名前5的国家，在转基因作物监管方面，总体政策是在个案基础上进行评估，为某些基因组编辑产品提供机会，使其免受严格监管。俄罗斯在2019年宣布未来10年内投入约17亿美元研发30种基因编辑动植物品种。日本厚生劳动省于2019年更新基因编辑技术食品和食品添加剂处理指南，明确包含基因编辑技术的产品杂交后代都需要报备，经过审议后才能销售。2022年8月，新加坡国立大学成立可持续城市农业研究中心，希望通过基因选择和基因编辑等技术培育作物，提高粮食营养价值和微生物安全性。2022年3月，印度环境、森林和气候变化部发布了一份办公室备忘录，没有引入DNA的基因组编辑的SDN-1和

SDN-2 植物，不受 1986 年印度环保局（EPA）法规对含外源引入 DNA 植物的限制。

三、总体发展情况

（一）论文产出

1. 论文数量年度变化趋势

2013—2022 年基因编辑作物育种论文数量呈快速增长态势，从 2013 年的 176 篇增长至 2022 年的 1064 篇，10 年间论文数量增长约 5 倍（图 3-1）。特别是 CRISPR/Cas 基因编辑系统出现之后，增长速度持续上升，表明基因编辑作物育种仍处于快速发展阶段，未来发展潜力较大。

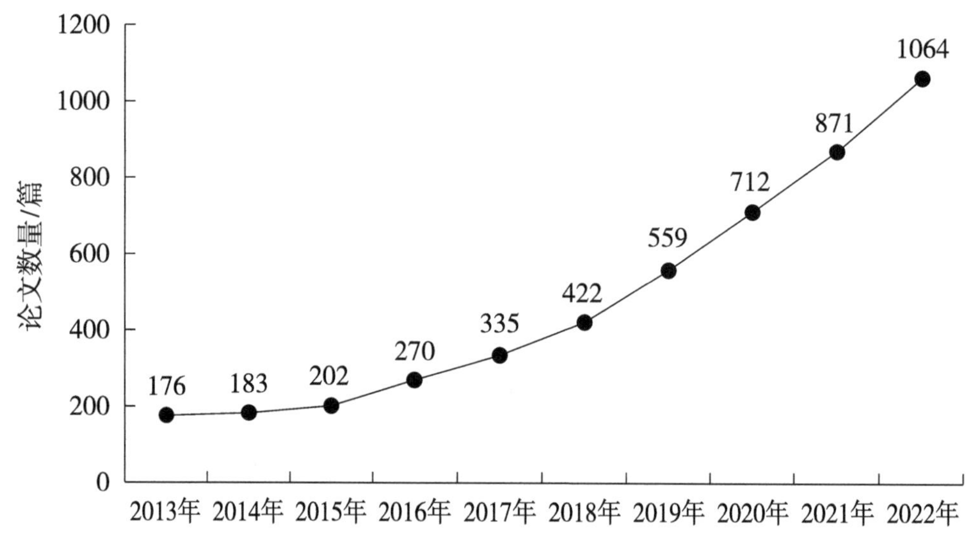

图 3-1 基因编辑作物育种论文数量的年度分布（2013—2022 年）

2. 主要国家分析

2013—2022 年，中国和美国在基因编辑作物育种的研发中占据主导地位，论文数量远多于其他国家。其中，我国以 2169 篇排名第一，占全球该领域 10 年论文总量的 39%，研究基础较强，领先优势较为明显；美国以 1137 篇排名第二，占全球总量的 21%；印度、德国和日本分别位列第三、第四、第五，与其他国家在该领域的论文数量差距不显著（图 3–2）。

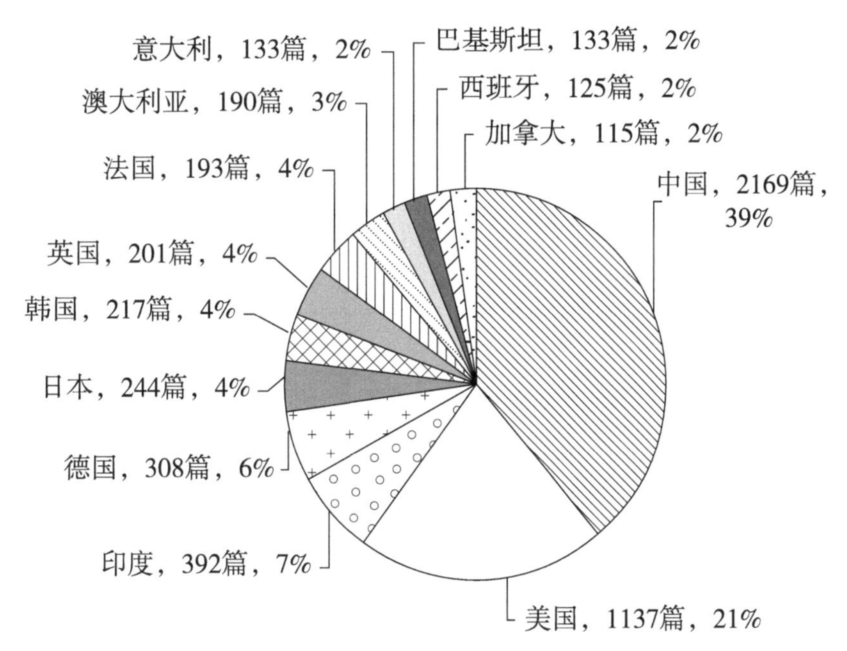

图 3–2　基因编辑作物育种主要国家论文数量（2013—2022 年）

3. 主要研究机构分析

2013—2022 年基因编辑作物育种论文数量 TOP 10 机构如表 3–1 所示，我国共有 7 家机构进入前 10 名。从论文数量来看，中国科学院（522 篇）排名第一，中国农业科学院（419 篇）和华中农业大学（218 篇）分别位列第二、第三。从被引次数看，中国科学院总被引次数（29 685 次）与篇均被引次数（56.86 次）均排名第一。

表 3-1 基因编辑作物育种论文数量 TOP 10 机构（2013—2022 年）

排名	研究机构	论文数量/篇	总被引次数/次	篇均被引次数/次
1	中国科学院	522	29 685	56.86
2	中国农业科学院	419	9988	23.84
3	华中农业大学	218	5060	23.21
4	中华人民共和国农业农村部	200	3537	17.69
5	中国科学院大学	172	9342	54.31
6	南京农业大学	155	3124	20.15
7	加利福尼亚大学	154	8073	52.42
8	印度农业研究委员会	144	1813	12.59
9	中国农业大学	139	4207	30.27
10	美国农业部	136	3556	26.15

4. 主要研究方向

2013—2022 年基因编辑作物育种主要研究方向包括：植物学、分子生物学、生物技术应用微生物学、农学、遗传与基因学、科学技术其他主题、化学、细胞生物学、微生物学，以及食品科学技术。其中，植物学有相关论文 2304 篇，是该领域最主要的研究方向（图 3-3）。

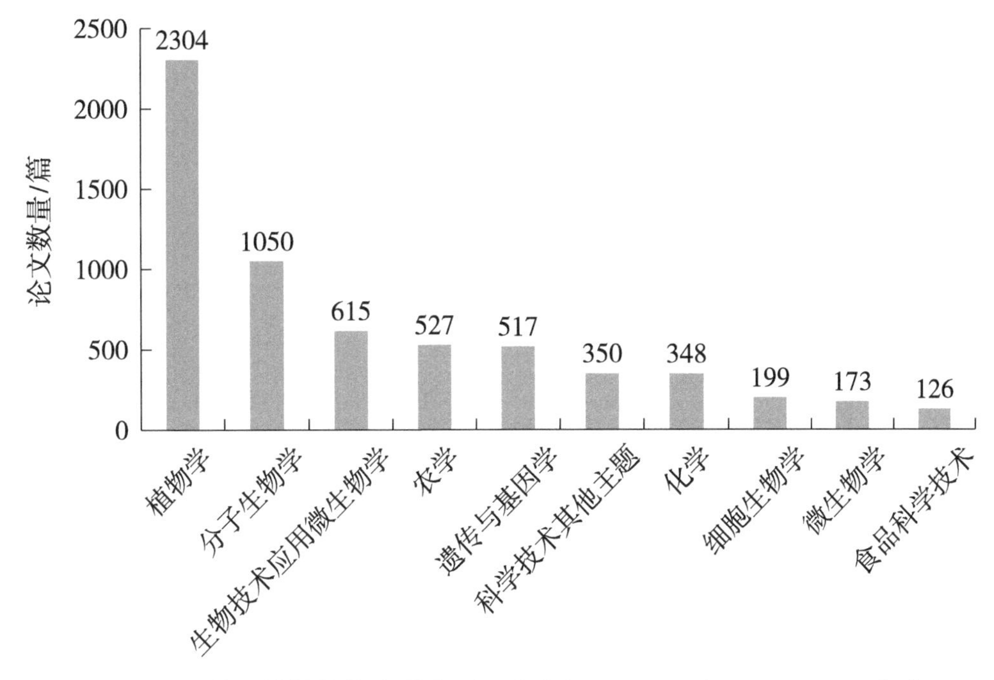

图 3-3　基因编辑作物育种主要研究方向 TOP 10（2013—2022 年）

（二）专利产出

以 incoPat 专利数据库为数据来源，以基因编辑作物育种为主题，经数据去重、清洗、降噪及领域专家判读，共筛选出 2013—2022 年基因编辑作物育种相关申请专利 4401 件，专利族 2986 项。

1. 技术领域分析

从 2013—2022 年基因编辑作物育种主要技术领域来看，近 10 年基因编辑作物育种相关专利主要涉及 CRISPR 技术、ZFN 技术、TALENs 技术，以及以碱基编辑（base editing）和先导编辑（prime editing）等为代表的精确基因编辑技术。

其中，CRISPR 技术相关专利申请数量最多，有 1666 件，占专利申请总数的 55.79%；其次是 ZFN 技术，有相关申请专利 637 件，占比 21.33%；

TALENs 技术相关申请专利有 399 件，占比 13.36%；精确基因编辑技术尚处于发展初期，专利申请数量较少，仅有 146 件，占比 4.89%（图 3-4）。

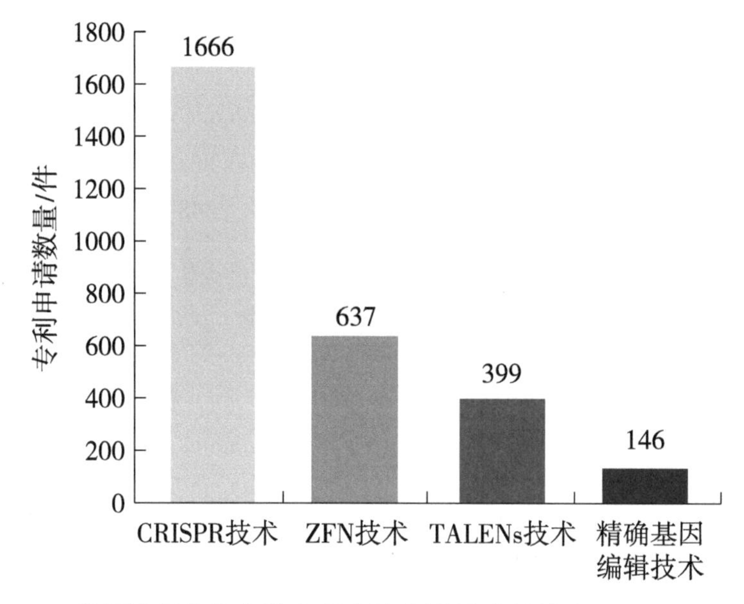

图 3-4　基因编辑作物育种专利申请主要技术领域（2013—2022 年）

2. 年度趋势分析

从专利申请数量的变化来看，2013—2022 年基因编辑作物育种专利申请数量总体呈增长趋势，正处于技术快速发展阶段，技术创新活跃度较高。其中，CRISPR 技术相关专利申请数量最多，增长态势也最为显著。2013 年，CRISPR/Cas 技术首次被应用于植物中，随后被迅速地应用于水稻、小麦、玉米等作物育种领域，相关专利申请数量呈爆发式增长。作为第三代基因编辑技术，CRISPR 技术在作物重要性状基因的挖掘、提高作物产量、增强作物抗性、作物定向育种等方面具有巨大的潜力和优势，目前已经成为基因编辑作物育种最核心的技术分支，发展势头强劲，相关专利申请数量远远领先于 TALENs、ZFN 等其他技术。此外，近 10 年先导编辑、碱基编辑等精确基因编辑技术也开始出现，但专利申请数量相对较少（图 3-5）。

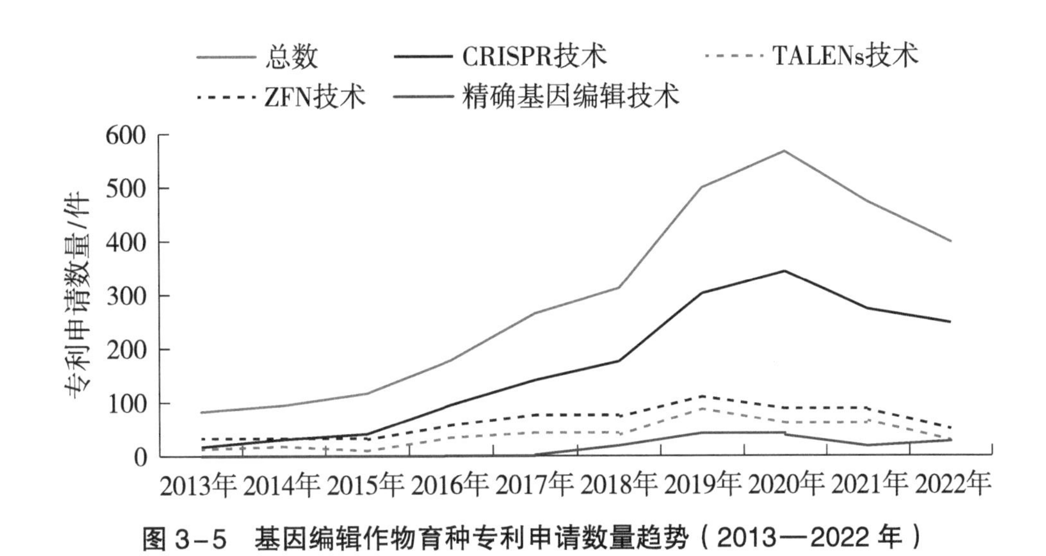

图 3-5　基因编辑作物育种专利申请数量趋势（2013—2022 年）

3. 技术来源地分析

将专利申请人国别作为统计对象，对近 10 年基因编辑作物育种排名前 10 的技术来源地进行了专利申请数量统计，排名前 10 的依次是中国、美国、韩国、荷兰、德国、瑞士、法国、以色列、日本与英国。其中，来源于中国和美国的专利申请数量遥遥领先。我国的专利申请数量最多，有 1684 件，占全球总量的 56.40%；排名第二的是美国，有相关申请专利 833 件，占全球总量的 27.90%；排名第三、第四的是韩国与荷兰，分别有相关申请专利 90 件、72 件，占全球总量的 3.01%、2.41%，与中美两国的专利申请数量差距较大（图 3-6）。

从主要国家的专利申请趋势来看，美国在基因编辑作物育种领域的专利申请数量整体呈波动态势，而我国的专利申请数量整体呈波动上升趋势。2013—2015 年，由于在 CRISPR 等基因编辑技术上具有研发优势，美国的专利申请数量均高于我国；2016 年以后，随着我国在植物基因编辑育种、新型 CRISPR 系统，以及碱基编辑、先导编辑等技术领域取得多项突破性进展，基因编辑作物育种的专利申请数量超过美国，特别是在 2019 年，我国该领域相关专利申请数量已经突破 500 件（图 3-7）。

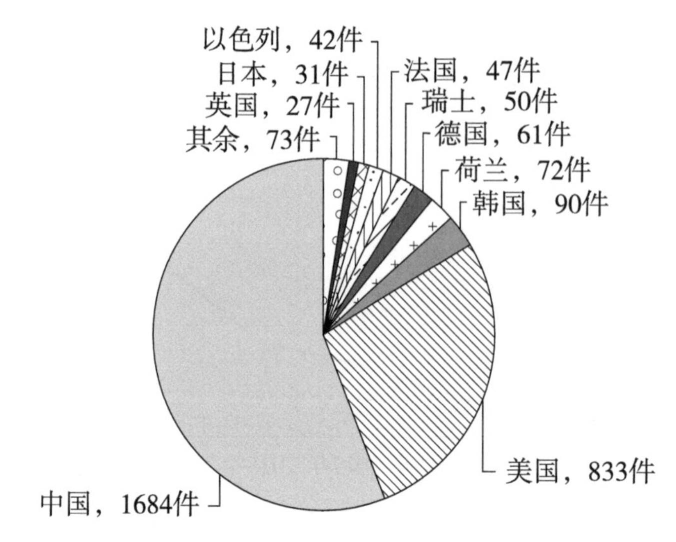

图 3-6　基因编辑作物育种主要技术来源地（2013—2022 年）

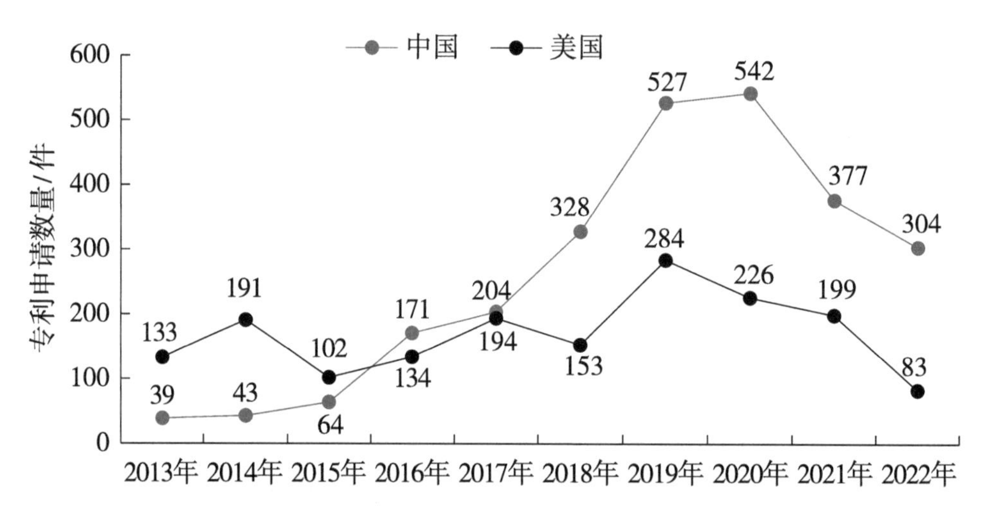

图 3-7　基因编辑作物育种中国与美国专利申请趋势（2013—2022 年）

从基因编辑作物育种主要技术来源地的相关专利技术领域分布可以看出近 10 年各国在该领域的技术创新重点（表 3-2、图 3-8）。作为基因编辑作物育种最主要的技术来源地，我国与美国在技术领域布局上有所差异。我国在该领域的技术创新主要集中于 CRISPR 技术，有相关申请专利 1171 件，占我国在该领域总专利申请数量的 69.54%；其次是 ZFN 技术，有相关申请专利157件，占比9.32%；精确基因编辑技术也是我国较为关注的技术领域之一，有相关申请专利93件，占比5.52%；TALENs技术相关专利申请数量相对较少，有66件。

美国基因编辑作物育种专利技术领域分布较为均衡，ZFN技术的相关专利申请数量最多，有380件，占其在该领域总专利申请数量的45.62%；其次是CRISPR技术，相关专利申请数量334件，占比40.10%；TALENs技术相关专利申请数量260件，占比31.21%；精确基因编辑技术相关专利申请数量最少，有40件。

其他国家基因编辑作物育种相关专利的技术领域分布也有所不同。例如，德国在4个主要技术领域均有相关专利分布；韩国主要关注CRISPR技术；法国侧重TALENs技术与ZFN技术等。但由于其专利申请总数较少，技术分布差异不显著。

表3-2　基因编辑作物育种主要技术来源地分析（2013—2022年）

国家	CRISPR技术		TALENs技术		ZFN技术		精确基因编辑技术	
	数量/件	占比	数量/件	占比	数量/件	占比	数量/件	占比
中国	1171	69.54%	66	3.92%	157	9.32%	93	5.52%
美国	334	40.10%	260	31.21%	380	45.62%	40	4.80%
韩国	47	52.22%	4	4.44%	6	6.67%	0	0.00%
荷兰	7	9.72%	7	9.72%	10	13.89%	1	1.39%
德国	27	44.26%	9	14.75%	20	32.79%	10	16.39%
瑞士	19	38.00%	16	32.00%	14	28.00%	0	0.00%
法国	12	25.53%	26	55.32%	22	46.81%	2	4.26%
以色列	12	28.57%	10	23.81%	15	35.71%	0	0.00%
日本	7	22.58%	1	3.23%	4	12.90%	1	3.23%
英国	19	70.37%	13	48.15%	9	33.33%	1	3.70%

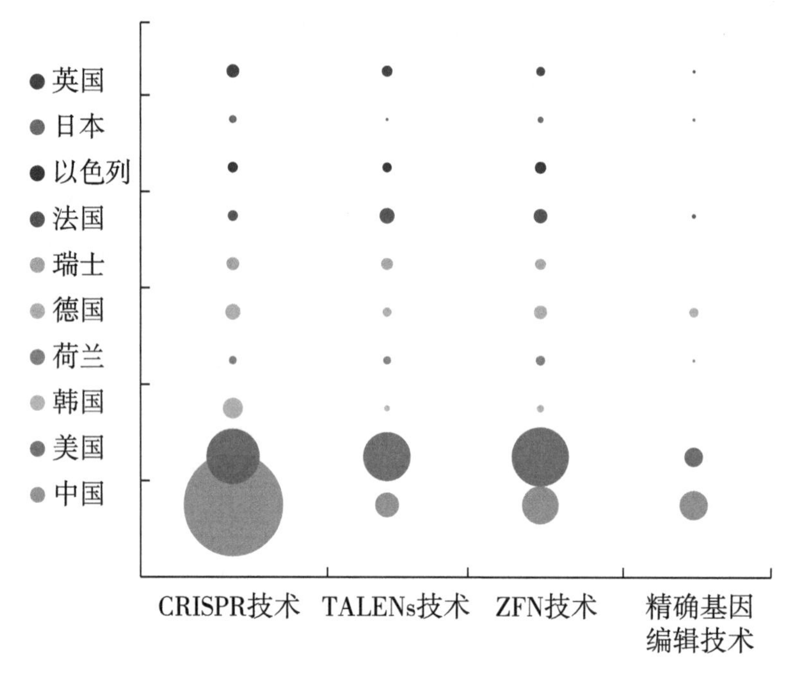

图 3-8 基因编辑作物育种主要技术来源地的相关专利技术领域分布（2013—2022 年）

4. 主要申请人分析

分析基因编辑作物育种近 10 年专利申请数量排名前 15 的申请人，其所属国家主要有中国、美国及荷兰。包括 10 家中国机构、4 家美国机构，以及 1 家荷兰机构；从机构属性来看，有 5 家企业、5 家科研机构，以及 5 家高校。其中，美国申请机构均为企业，我国则以科研机构和高校为主。

从专利申请数量来看，排名第一的是美国先锋良种公司，有相关申请专利 190 件，该公司是杜邦集团的全资子公司，是全球最大的玉米种业公司，涉及的作物种类还包括大豆、高粱、向日葵、紫花苜蓿、水稻和小麦等。中国农业科学院作物科学研究所、中国科学院遗传与发育生物学研究所分别位列第二、第三，有相关申请专利 111 件、96 件；此外，华中农业大学、中国农业大学也是该领域主要申请人，相关专利申请数量均在 80 件以上（表 3-3）。

表 3-3　基因编辑作物育种专利申请人排名 TOP 15（2013—2022 年）

申请人	所属国家	机构属性	数量/件
先锋良种公司（Pioneer Hi-Bred International）	美国	企业	190
中国农业科学院作物科学研究所	中国	科研机构	111
中国科学院遗传与发育生物学研究所	中国	科研机构	96
华中农业大学	中国	高校	93
中国农业大学	中国	高校	83
华南农业大学	中国	高校	74
南京农业大学	中国	高校	68
浙江大学	中国	高校	64
本森希尔种子公司（Benson Hill Seeds）	美国	企业	55
孟山都公司（Monsanto）	美国	企业	49
陶氏益农公司（Dow Agrosciences）	美国	企业	47
纽内姆公司（Nunhems）	荷兰	企业	46
北京市农林科学院	中国	科研机构	43
安徽省农业科学院水稻研究所	中国	科研机构	41
中国水稻研究所	中国	科研机构	39

四、全球研究进展

（一）基因编辑技术革新

为了提高编辑效率及精度，科学家不断改进基因编辑系统工具，包括引导编辑、碱基编辑、表观基因组编辑、细胞器基因组编辑等，技术优化和新功能开发的研究取得了长足进展，CRISPR 系统的几种新的 Cas 酶也正在被用于作物的基因编辑，包括 Cas12a、Cas13、Cas14a 和 CasΦ 等。

在编辑工具和系统改进方面，中国科学院遗传与发育生物学研究所高彩霞研究组与合作者发表研究成果，在植物中建立了更高效、广适的新型引导编辑系统 ePPE（Engineered Plant Prime Editor），能够大幅提高对植物的基因编辑效率，且没有观察到副产物或脱靶编辑的显著增加，成功构建了对两种除草剂（甲咪唑烟酸和烟嘧磺隆）具备抗性的水稻新材料，后续研究团队进一步优化工具，可以在 4～7 天内构建优化的先导编辑 pegRNA，2～3 周内完成引导编辑的原生质体实验，最快在 3 个月内获得经过引导编辑的再生水稻植株；韩国大田大学基础科学研究所团队开发了一种可编程工具——转录激活因子样效应子相关脱氨酶（TALED），TALED 可用于植物原生质体和整株植物中 cpDNA 的 A－G 碱基编辑，被认为是基因编辑技术缺失的最后一块拼图，解决了现有的 CRISPR－Cas9 及其衍生的碱基编辑器不适用于细胞器 DNA 基因编辑的问题，同时为提高植物光合作用和 CO_2 固定效率提供了重要的工具。

在 CRISPR 系统的进展方面，美国得州大学奥斯汀分校的研究团队首先发现了 CRISPR－Cas9 基因编辑系统中脱靶背后的结构机制，在此基础上重新设计了 Cas9 蛋白——SuperFi－Cas9，其脱靶概率降低了数千倍，且编辑效率与原始版本的 Cas9 蛋白相同；美国康奈尔大学可爱龙实验室，成功解析“史上最小 Cas9”的分子结构，有望使 CRISPR 工具小型化，使其足够小以适应当前的递送方法；中国科学院动物研究所建立了一种蛋白质工程化改造的新方法（Improving Editing Activity by Synergistic Engineering，MIDAS），并利用该方法获得了高活性的 Cas12iMax 及高特异性的 Cas12iHiFi 等基因编辑新工具，能够显著提高来自不同 CRISPR 家族的 Cas 核酸酶，如 Cas12i、Cas12b 及 CasX 等的基因编辑效率；诺奖得主、CRISPR 基因编辑先驱 Jennifer Doudna 团队通过基因组解析宏基因组学对来自自然界、人类和动物的微生物组进行分析，新发现一类叫作 Casλ 的小型化 Cas 酶，Casλ 酶可以用来编辑拟南芥、小麦及人类细胞的基因组，该研究在发现 CRISPR－Cas 系统的巨大多样性方面向前迈出了重要一步。

（二）基因编辑作物改良

基因编辑技术助力作物改良，在提高作物产量、改善作物品质、提升作物抗逆性等方面不断取得突破。

在提高作物产量方面，中国科学院遗传与发育生物学研究所团队阐明了小麦新型 mlo 突变体兼具抗病性与高产的分子机制，并利用基因组编辑技术快速获得具有广谱抗白粉病且高产的小麦优异新品系，意味着号称小麦三大病害之一的白粉病终于被我国科学家攻破，成为作物育种领域标志性的成果，该研究展现了基因组编辑在作物分子设计育种中的巨大潜力；美国冷泉港实验室利用 CRISPR-Cas9 系统对玉米 CLE 基因启动子进行编辑，创制了玉米高产等位基因，是首次利用启动子区域饱和突变实现优异等位基因创制，且应用于玉米产量提升的研究。

在改善作物品质方面，英国洛桑研究所和布里斯托大学利用基因编辑技术，培育出致癌物降低超 90% 的“健康”小麦，该新品种小麦将是英国或欧洲第一个利用 CRISPR 基因编辑技术培育的小麦品种。

在提升作物抗逆性方面，浙江大学联合湖南农业大学团队解析了小麦族盐生植物海大麦的参考基因组和耐盐机制，并构建了该物种的高效基因编辑体系。

在基因编辑转化系统方面，南方科技大学朱健康团队研发出发根农杆菌介导无须组培的遗传转化技术，在非无菌条件下，无须组织培养，使用一个简单的外植体浸泡过程，就能在这些植物中进行有效的转化或基因编辑，得到再生转化植株，可广泛应用于不同植物物种中。

（三）基因编辑种质创制

围绕作物从头再驯化、饱和突变、精确编辑、常规基因组编辑等技术，基因编辑有望实现高效精准育种，在分子设计育种中具有巨大潜力，为新型种质创制、保障种业安全提供解决方案。

在作物再驯化方面，中国农业大学联合华中农业大学团队首次挖掘出同时控制玉米和水稻产量性状的基因 *KRN2* 和 *OsKRN2*，并发现这两个基因在驯化过程中受到趋同选择，在全基因组水平上揭示了玉米和水稻趋同选择的遗传规律。该研究为农艺性状关键控制基因的解析与育种应用，以及其他优异野生植物快速再驯化或从头驯化提供了重要理论基础，同时对进一步提升农作物育种效率有重要意义。

在创制新种质方面，西北农林科技大学团队首次鉴定到了小麦中被病原菌效应子靶标劫持的感病基因 *TaPsIPK1*，阐明了感病分子机制，*TaPsIPK1* 编辑品系在田间试验中表现出高抗条锈病且不影响小麦的主要农艺性状，是一个可用于小麦抗病改良的感病基因，打破了小麦抗病育种中主要利用抗病基因的传统思路，开辟了现代生物育种新途径；中国科学院海洋研究所团队利用基因编辑技术，获得了抗虫且油脂含量高的海洋硅藻——三角褐指藻新种质，同时该团队还利用基因编辑技术敲除了三角褐指藻的隐花色素基因，获得了高岩藻黄素含量的新种质。

五、发展趋势

（一）基因编辑作物育种有望成为粮食安全关键技术

世界粮食不安全形势进一步加剧。根据联合国粮农组织发布的《2023年全球粮食危机报告》，2022 年 58 个国家和地区的 2.58 亿人受到严重粮食危机的影响，人数连续第 4 年增加，达到报告出版以来的历史最高数值，全球粮食不安全严重程度从 2021 年的 21.3% 上升到 2022 年的 22.7%。受到气候变化和极端天气的影响，很多小麦和水稻主产国的产量都有所下降，同时有 20 多个国家实施粮食出口禁令或出口限制措施，粮食贸易也成为难解的全球热点问题。

中国粮食安全仍面临重大挑战。近年来，中国粮食产量不断提升，人均粮食产量已经连续14年超过国际公认安全线，但仍然面临重大挑战。2022年，中国粮食进口数量达到1.4亿吨，占粮食产量的21%，其中大豆累计进口9108.1万吨，虽然进口数量较2021年有所下降，但是受国际粮食价格影响，进口成本达到多年高位，较2021年增长27%。同时，还面临粮食需求刚性增长、提高粮食单产难度加大、平均耕地面积较少、粮食安全外部环境恶化等多种难题。

基因编辑技术正在掀起新一轮作物育种革命。基因编辑技术在提高作物产量、改善作物品质、加速野生物种驯化等方面具有巨大的潜力，有望大幅提高粮食产量和农业生产效率。作物基因组编辑相关研究在近10年得到快速发展，其中以CRISPR–Cas系统为首的基因组编辑技术凭借其精准度和耗时短等特点，成为作物基因组编辑领域备受关注的颠覆性技术。不同于以往转基因作物的生产研发流程，基因组编辑作物不引入外源物种的遗传片段，仅通过改造作物本身的遗传物质达到定向编辑的效果。同时，研发成本较低、研发时间较短、风险审查流程灵活，使得基因组编辑技术在全球农业作物育种方面表现出巨大的潜力，为应对粮食安全、提高食品品质、提升人类健康水平做出贡献。

（二）基因编辑作物育种产业发展进入快车道

随着基因组编辑技术的迅猛发展，相较于转基因产品，其研发成本更低、耗时更短、审查环境愈发宽松等优势使得该赛道愈发成为企业发展重点，产业得到迅速发展。

大型跨国公司布局作物基因组编辑领域。大型跨国种子公司，包括先正达、拜耳、科迪华等，均在作物基因组编辑领域有前沿战略和布局。尽管该类企业在转基因作物及其产品上有巨大优势，多年来的专利及技术累积为其创造了巨大财富。拜耳作物科学利用基因组编辑技术在矮秆玉米培育中取得颠覆性突破。拜耳的矮秆玉米已进入研发第4阶段，标志着距进入农田又近了一步。矮秆玉米种植更适用于作物保护产品的精准施用，以及氮肥等关键农用投入品的优化使用。杜邦先锋和陶氏益农合并后，将农业板块拆分，成立科迪华，科迪华与荷兰 Bejo，以及麻省理工学院和哈佛大学的布罗德研究所共同签署了基因组编辑协议，Bejo 得以利用基因组编辑技术开发蔬菜作物，已经证明使用 CRISPR 基因组编辑技术提升玉米的抗病能力，以减轻北美玉米受到的多重病害，进一步提高产量。先正达和 Precision BioSciences 进行合作，首次使用全合成基因组编辑技术开发先进农产品，有望于 2025 年推出首例基因组编辑作物，致力于培育品质更佳的番茄。

中国批准首个植物基因编辑安全证书。由中国科学院遗传与发育生物学研究所的高彩霞创立的齐禾生科于 2021 年成立，齐禾生科致力于 CRISPR 技术在作物产量及品质性状上的精准改良，已将相关技术应用于小麦、水稻、番茄等作物。由朱健康院士及团队成立的舜丰生物是基因组编辑初创公司中的佼佼者，拥有基因组编辑底层工具 CRISPR Cas SF01 和 CRISPR Cas SF02，打破了国外对基因组编辑核心技术的垄断，并取得了一系列“卡脖子”技术的关键性突破。自主研发的高油酸大豆获得全国首个且唯一一个植物基因编辑安全证书，标志着我国基因编辑正式驶入产业化快车道。其他公司，如圣丰种业、华智生物、未米生物等也获得了千万元的融资，致力于基因组编辑技术在农业生产上的应用。

（三）基因编辑作物育种仍有三大技术难题尚未解决

基因编辑作物育种面临三大技术难题。

第一是基因编辑的特异性和脱靶问题。对大部分控制重要农艺性状的正调控基因目前还无法高效、精准地进行编辑，从而极大地限制了基因编辑技术大规模应用于作物遗传改良的步伐。

第二是外源基因问题。外源基因递送过程可能造成碱基突变、DNA 片段的缺失和插入，目前科学家在基因编辑方法和工具上不断取得突破，但是要同时兼顾编辑效率、编辑精度及编辑安全性尚需时日。

第三是转化系统问题。植物基因编辑效率的提高在一定程度上依赖于高效的转化系统，目前常用的转化系统包括农杆菌介导法、基因枪轰击法和 PEG 转化法。其中，最成熟的就是农杆菌介导法，但由于宿主范围的限制，只能适用于部分植物。基因枪轰击法和 PEG 转化法虽然无宿主限制，但基因枪轰击法具有随机性，外源基因进入宿主基因组的整合位点相对不固定，不利于外源基因的稳定表达；而 PEG 转化法涉及植株再生问题，目前仅有烟草等少数物种可以实现。

（执笔人：朱姝）

第四章　类器官技术

类器官作为一种革命性的人类疾病临床前模型，在各大生命科学的研究领域都显示出强大的潜力，包括发育生物学、疾病病理学、细胞生物学、再生机制、精准医疗，以及药物毒性和药效试验，被誉为“打开未来生命科学大门的金钥匙”。2017 年，类器官技术被《自然·方法》杂志评选为“年度方法”;《科学》杂志将类器官技术评选为 2018 年度重大突破。2022 年，美国食品药品监督管理局批准了基于类器官芯片技术获得的临床前数据的新药，代表着类器官替代方法首次被用于临床审批，标志着类器官应用进入新时代。

一、技术概述

（一）类器官技术的概念

类器官是从干细胞或器官祖细胞发育而来的器官特异性细胞类型的集合，能够以与体内相似的方式经细胞分序和空间限制性的系别分化而实现自我组建。类器官研究不断深化，多种类器官不断被成功构建，包括但不限于脑、肝、肺、肾、胃、垂体、内耳、食管、气道、胰腺、乳腺、膀胱、卵巢、结肠、视网膜、甲状腺、心血管、输卵管及子宫内膜等类器官，其中，不仅包括正常器官组织的类器官，还包括其肿瘤组织的类器官，以及相应的类器官芯片体系。

（二）类器官技术的用途

模拟生理发育。干细胞通过自身的增殖分化产生不同的细胞类型，再经过自组装形成特定的结构，从而发育成含多种细胞类型、能够模拟体内功能的微组织。因此，类器官作为体外模型被用于研究细胞自组装机制、组织发生发展机制、器官发育原理。目前，已成功构建多种胚胎干细胞（embryonic stem cells，ESCs）和诱导多能性干细胞（induced pluripotent stem cells，iPSCs）来源的 3D 类器官模型。

建立疾病模型。由于类器官在结构与功能上能模拟体内器官，因此通过结合药物诱导、基因修饰、病原微生物感染等方式可以建立相应的疾病模型，用于探索疾病发生机制与筛选评价药物。目前科研人员已从人成体干细胞或多能干细胞构建出模拟多种疾病的类器官，其一定程度能够再现遗传疾病、宿主–病原体疾病及癌症发生过程。

用于组织器官修复。类器官的生理功能和细胞排列类似于体内组织，因此在器官移植领域具有广阔的前景。实验证明，类器官移植可以作为组织器官修复的一种有效手段。类器官还能用于治疗遗传缺陷导致的组织器官功能异常。结合大规模标准化的制备技术与精准医疗手段，通过类器官移植进行组织器官的功能修复在个性化医疗的发展中将发挥重要的作用。

推动再生医学。类器官在再生医学领域中的应用是将成体组织干细胞培养得到的类器官移植回体内，修复受损组织。目前，成体组织干细胞在临床上的移植应用仅限于利用造血干细胞移植来治疗自身免疫性疾病、白血病和淋巴瘤。但其他成体组织干细胞，包括肠道、肝脏等移植无法实现。而类器官可作为这些细胞在体外存活、高效扩增和移植的载体，为成体组织干细胞再生医学应用注入强心剂。

二、各国战略部署及监管现状

全球多国大力支持干细胞与再生医学研究，同时强化监管体系建设，不仅促进了基础研究领域的迅猛发展，也加速了这些先进疗法的临床转化进程。

（一）美国

美国国立卫生研究院（NIH）、食品药品监督管理局（FDA）和国防部（DoD）早在2011年就牵头推出了“微生理系统”计划（Microphysiological Systems Program），把器官芯片技术的开发和应用上升到国家战略层面。经过20余年的发展，美国政府与各高校科研机构、药企、生物科技公司，甚至科技巨头合作，不断展开测试，完善器官芯片的标准，以促进它作为药物研发新技术的开发和使用。2021年，FDA发布白皮书，表明对类器官芯片在新药研发的积极态度，希望通过建立标准化的模型平台，逐步减少或替代动物模型，并利用类器官芯片来填补各种疾病/生理模型的空白。在类器官技术领域，美国众议院于2022年6月通过《2022年食品和药品修正案》，在药物研发相关条款中，将“动物实验”修改为“非临床检测”，并在这一新概念中明确纳入了“器官芯片和其他微生理系统”，这标志着器官芯片已经成为FDA认可的临床前研究手段，动物实验不再是唯一的标准。

美国在2016年通过的《21世纪医药法案》授权FDA开发旨在促进新药研发的药物开发工具（drug development tools，DDTs），DDT包括生物标志物、临床结果评估、动物模型，以及其他有助于加速药物开发和监管审评的方法、材料或措施。2020年11月，FDA为DDT的研发者启动了新药创新科学和技术方法试点计划，旨在鼓励开发超出现有DDT资格计划范围但仍可能有利于药物开发的新工具，并为研发者提供了一种提交尚无监管途径的创新技术/方法提案的途径，如使用微生理系统来评估安全性或有效性问题。FDA 于 2022 年 9 月通过的现代化法案 2.0，不再强制要求在药物研发中进行动物实验。

（二）欧洲

欧盟“地平线欧洲”（Horizon Europe）计划健康领域 2021—2022 年工作计划支持开展评价多能干细胞治疗等先进疗法有效性、安全性、作用方式的临床研究，2023—2024 年工作计划则重点布局了以类器官、微生理系统（microphysiological systems，MPS）等技术为核心的非动物技术的开发及其在生物医学研究中的应用。

欧洲药品管理局（EMA）自 1997 年出台了多项法律法规和监管政策，来推进和监管类器官和器官芯片技术相关研究和应用。出于动物保护和福利的伦理考虑，EMA 于 1997 年制定了《用体外模型替代动物研究》，讨论了在药品临床前开发中用体外研究替代体内动物研究的可行性，并提出了动物研究的 3R 原则“替代/减少/优化”(replacement,reduction,refinement)。2016 年，上述文件经修订后被新的文件《关于监管接受 3R（替代、减少、优化）测试方法原则的指南》取代，旨在鼓励利益相关方和当局发起、支持和接受 3R 方法的开发和使用。目前，EMA 制定的类器官相关政策指南主要是一些通用原则及对基本科学原则的监管认识，并非提供有关类器官或器官芯片技术的具体建议。2023 年 1 月，EMA 发布了《非临床领域 3 年综合工作计划（2023 年优先事项）》，制定了与类器官相关的具体监管行动，起草了“定义用于制药领域特定使用环境的器官芯片技术的监管接受标准的反思文件”，创建全球监管机构集群，为新方法学制定监管接受标准，并协调欧盟和全球监管机构之间的观点和监管接受标准。

英国生物技术和生物科学研究理事会（BBSRC）与动物实验替代、减少和优化国家中心（NC3Rs）投资 470 万英镑支持下一代非动物技术开发，其中包括基于人类干细胞的类器官系统和血管化器官芯片模型。

（三）亚洲

日本内阁发布的《2022 年综合创新战略》在健康与医药战略性应用领域，重点支持再生医学领域技术的临床应用推广，还强调了开发具有高分化效率或低免疫原性特征的下一代 iPSCs、可用于个性化药物疗效评估的类器官等革命性新技术的重要性。

韩国科学技术信息通信部（MSIT）发布的《数字生物创新战略》将干细胞治疗技术和类器官技术确定为十二大核心技术之一；韩国生命工学研究院（KRIBB）同样将器官替代治疗技术（类器官、异种器官移植）视为引领生物未来发展的技术。KRIBB 计划在 2022—2025 年投入 40 亿韩元推动开发基于类器官的毒性评估平台。

2022 年，中国国家重点研发计划“干细胞研究与器官修复”对组织类器官高通量培养及应用、基于干细胞的智能多器官芯片系统、基于干细胞的器官互作模型、基于干细胞的肿瘤微环境类器官模型与应用等方向进行了部署。2021 年，国家药品监督管理局药品审评中心（CDE）发布的《基因治疗产品非临床研究与评价技术指导原则（试行）》和《基因修饰细胞治疗产品非临床研究技术指导原则（试行）》，也将类器官列入基因治疗及针对基因修饰细胞治疗产品的指导原则当中，表明中国药品监管部门对于类器官和器官芯片等仿生模型技术的积极态度，鼓励通过此类技术平台进行药物体外测试和评价。

三、总体发展情况

（一）论文产出

1. 国家论文数量分析

2009 年，类器官开山鼻祖 Hans Clevers 培养出首个真正意义上的类器官，其后，类器官的研究才逐渐增多，度过了萌芽时期后，2013—2022 年，全球类器官领域的论文数量逐年稳步增长，尤其在2016年后迎来了爆发式增长（图4-1）。

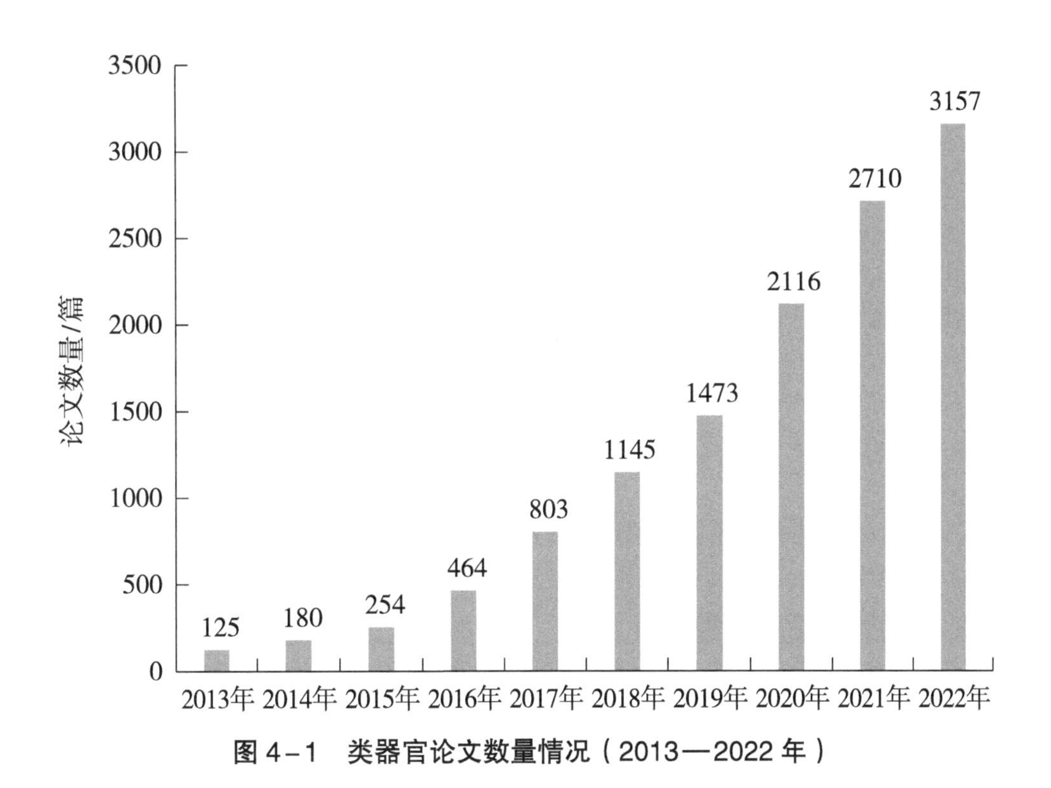

图4-1 类器官论文数量情况（2013—2022年）

类器官相关论文数量排名前10的国家分别为美国、中国、德国、荷兰、日本、英国、意大利、韩国等（图4-2）。其中，美国的论文数量占绝对优势，论文数量为中国的近2倍，中国的论文数量排名第2，研发实力对比美国以外的国家也具备一定优势。从篇均被引频次来看，荷兰由于有Hans Clevers领导的类器官研究团队，拥有较多该领域权威学术成果，该国的研究论文具有最高的篇均被引频次，高达58.92次。中国篇均被引频次仅为24.86次，在这10个国家中相对较低，表明中国在该领域取得的突破性进展相比世界科技领先国家较少，国际影响力较低。

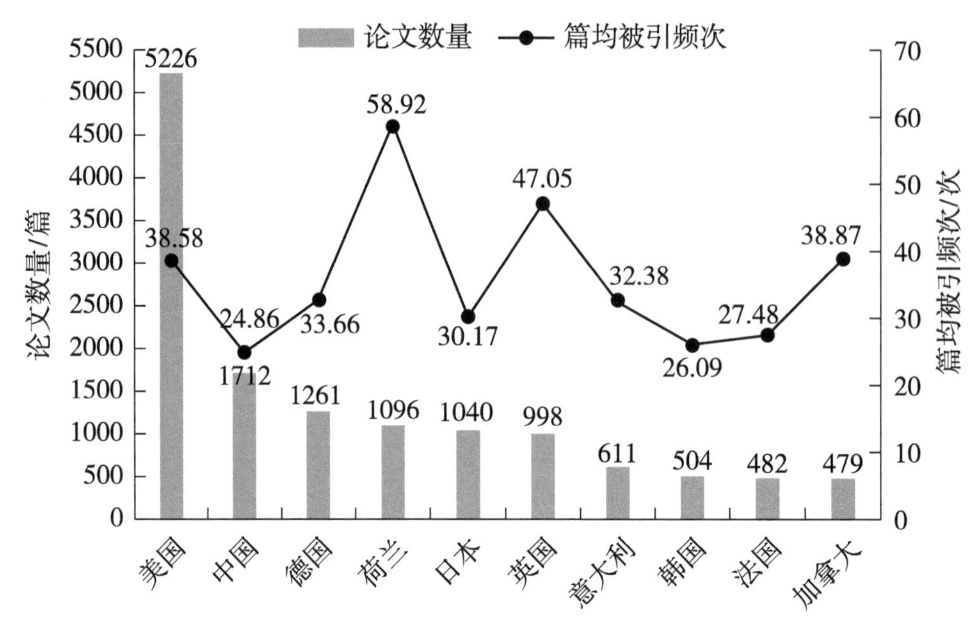

图 4-2　类器官不同国家论文数量排名 TOP 10（2013—2022 年）

2. 国际机构论文数量分析

2013—2022 年，类器官国际机构论文数量排名 TOP 10 如表 4-1 所示。其中，美国两所高校位居第一、第二，且其发表论文的篇均被引频次也处于中上游水平，代表着两个机构在该领域具有强劲的研究实力。Hans Clevers 所在的乌特勒支大学位居第三，但其论文的篇均被引频次远高于其他机构，代表了全球类器官技术研究的最高水平。我国仅有一家机构——中国科学院进入 TOP 10 排名，其论文影响力相对处于中下游水平。其中，中国科学院分子细胞科学卓越创新中心、脑科学与智能技术卓越创新中心、深圳先进技术研究院和大连化学物理研究所贡献了绝大多数力量。

表 4-1　类器官国际机构论文数量排名 TOP 10（2013—2022 年）

排序	机构	论文数量 / 篇	篇均被引频次 / 次
1	加州大学系统	642	48.73
2	哈佛大学	598	66.62
3	乌特勒支大学	462	94.19
4	亥姆霍兹联合会	304	32.45
5	法国国家健康与医学研究院	297	30.57
6	伦敦大学	295	36.40
7	俄亥俄大学系统	290	36.49
8	得克萨斯大学系统	282	36.52
9	约翰霍普金斯大学	262	61.28
10	中国科学院	247	33.09

美国加州大学系统中的旧金山分校（UCSF）专注于利用类器官技术进行癌症和遗传性疾病的研究。美国哈佛大学干细胞研究所（Harvard Stem Cell Institute，HSCI）是该领域主力发文机构，在组织层面，通过培养类器官研究发育和从癌症到神经精神疾病的各种疾病。荷兰乌特勒支大学 Hubrecht 研究所在成人干细胞和器官发育方面具有显著成就，尤其是肠道类器官模型的开发。

3. 领域分析

由图 4-3 可以看出，2013—2022 年类器官相关论文主要分布的领域为细胞生物学，占总论文数量的 20.30%。接着是肿瘤学，生化和分子生物，交叉多学科，细胞组织工程，胃肠病学、肝脏病学，医学研究实验等。类器官在肿瘤学、胃肠道疾病、肝脏疾病研究上显示出巨大的应用研究价值。同时，类器官的发展也离不开多学科交叉的技术手段，如 AI、微流控芯片、智能计算等，以及生物材料支持，如培养基材料、细胞支架材料等。

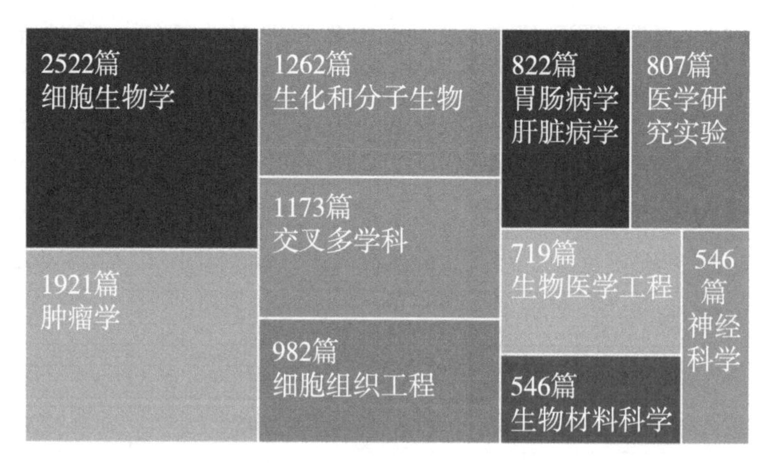

图 4-3 类器官不同领域论文数量排名 TOP 10（2013—2022 年）

（二）专利产出

以 incoPat 专利数据库为数据来源，以类器官为主题，采用关键词与 IPC 分类号进行组合检索。经数据去重、清洗、降噪及领域专家判读，共筛选出 2013—2022 年类器官相关申请专利 8422 件，专利族 5850 项（简单同族合并）。

1. 技术领域分析

对 IPC 分类号统计分析，可以了解 2013—2022 年类器官主要技术领域（表 4-2）。C12N5（未分化的人类、动物或植物细胞，如细胞系；组织；它们的培养或维持；其培养基）是类器官最主要的技术领域，有相关申请专利 1494 件，占专利申请总数的 25.54%；其次是 A61L27（假体材料或假体被覆材料）与 C08J3（高分子物质的处理或配料的工艺过程），分别有相关申请专利 602 件、512 件；C12M3（组织、人类、动物或植物细胞或病毒培养装置）、C12M1（酶学或微生物学装置）、A61K9（以特殊物理形状为特征的医药配制品）、C12Q1（包含酶、核酸或微生物的测定或检验方法；其组合物；这种组合物的制备方法）、A61K35（含有其有不明结构的原材料或其反应产物的医用配制品）、A61K31（含有机有效成分的医药配制品）、

G01N33（利用不包括在 G01N1/00 至 G01N31/00 组中的特殊方法来研究或分析材料）也是类器官的相关技术领域。

表 4-2　类器官专利申请主要技术领域（2013—2022 年）

IPC 大组	分类号解释	数量/件	占比
C12N5	未分化的人类、动物或植物细胞，如细胞系；组织；它们的培养或维持；其培养基	1494	25.54%
A61L27	假体材料或假体被覆材料	602	10.29%
C08J3	高分子物质的处理或配料的工艺过程	512	8.75%
C12M3	组织、人类、动物或植物细胞或病毒培养装置	382	6.53%
C12M1	酶学或微生物学装置	342	5.85%
A61K9	以特殊物理形状为特征的医药配制品	337	5.76%
C12Q1	包含酶、核酸或微生物的测定或检验方法；其组合物；这种组合物的制备方法	326	5.57%
A61K35	含有其有不明结构的原材料或其反应产物的医用配制品	323	5.52%
A61K31	含有机有效成分的医药配制品	310	5.30%
G01N33	利用不包括在 G01N1/00 至 G01N31/00 组中的特殊方法来研究或分析材料	307	5.25%

2. 年度趋势分析

从专利申请数量的变化来看，2013—2022 年类器官专利申请数量总体呈稳步增长趋势，正处于技术快速发展阶段。特别是在 2019 年后，专利申请数量增速加快，并在 2022 年达到峰值 1056 件。从专利授权数量的变化来看，2013—2015 年，该领域专利授权数量较为稳定，2016 年起授权数量开始增多，并在 2018 年达到首个峰值 205 件；2019 年专利授权数量有所降低，但次年大幅增长，并保持较快增速，于 2022 年达到第二个峰值 515 件（图 4-4）。

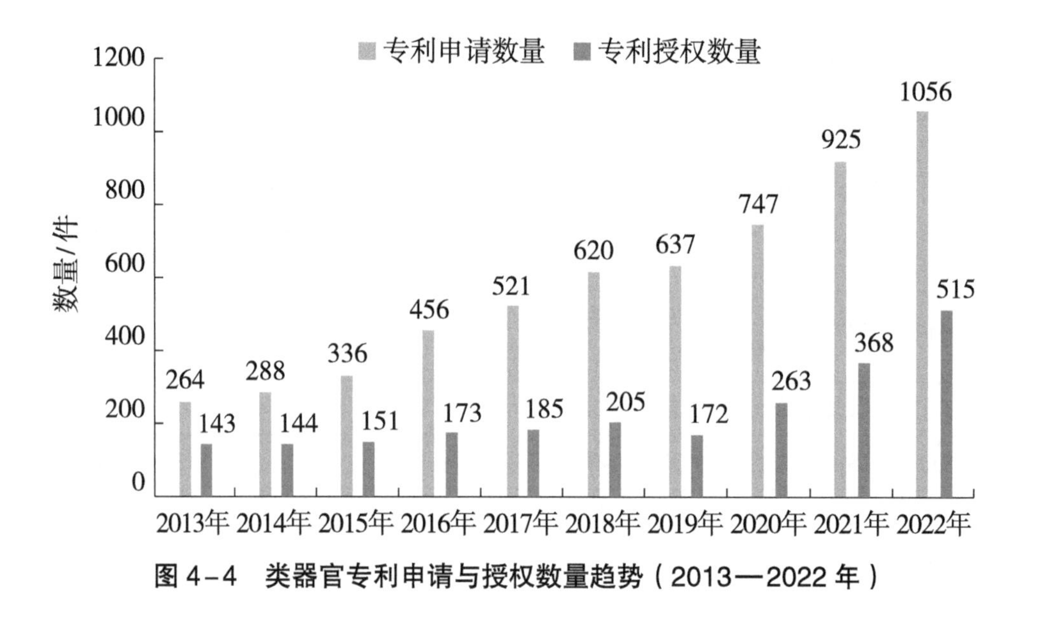

图 4-4　类器官专利申请与授权数量趋势（2013—2022 年）

3. 技术来源地分析

将专利申请人国别作为统计对象，对近 10 年类器官排名前 10 的技术来源地进行了专利申请数量统计，排名前 10 的依次是中国、美国、韩国、日本、俄罗斯、法国、德国、印度、英国及巴西。其中，我国的专利申请数量最多，有 3110 件，占全球总量的 53.16%；排名第二的是美国，有相关申请专利 1036 件，占全球总量的 17.71%；排名第三、第四的是韩国与日本，分别有相关申请专利 515 件、293 件，占全球总量的 8.80%、5.01%，与中美两国的专利申请数量差距较大（图 4-5）。

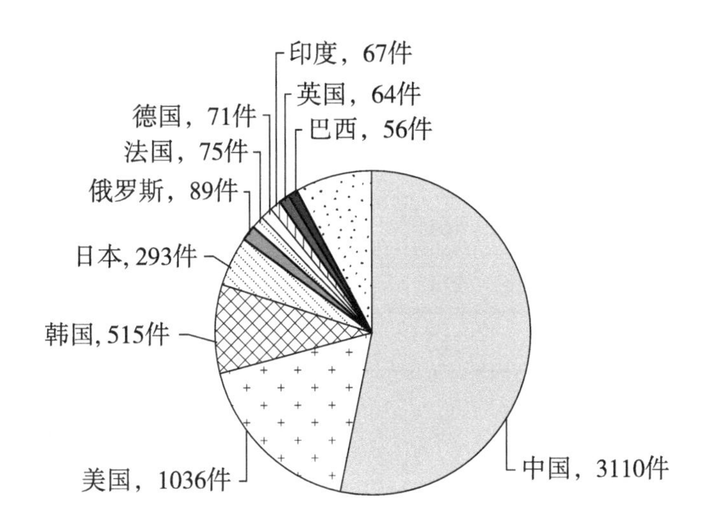

图 4-5　类器官主要技术来源地（2013—2022 年）

从类器官主要技术来源地的相关专利技术领域分布可以看出近 10 年各国在该领域的技术创新重点（表 4-3）。其中，C12N5（未分化的人类、动物或植物细胞，如细胞系；组织；它们的培养或维持；其培养基）在中国、美国、韩国、日本均为最大的技术领域。

表 4-3　类器官 TOP 5 技术来源地的相关专利技术领域分布（2013—2022 年）

IPC 大组	专利申请数量 / 件				
	中国	美国	韩国	日本	俄罗斯
C12N5	935	1077	492	298	14
A61L27	497	412	170	76	3
C08J3	627	62	56	74	2
C12M3	223	226	121	43	9
C12M1	192	211	82	28	8
A61K9	238	218	39	32	5
C12Q1	289	162	33	128	0

续表

IPC 大组	专利申请数量 / 件				
	中国	美国	韩国	日本	俄罗斯
A61K35	111	461	82	50	9
A61K31	191	211	32	44	17
G01N33	72	312	134	68	2

4. 主要申请人分析

分析类器官近 10 年专利申请数量排名前 15 的申请人，其所属国家主要有中国、美国、韩国及荷兰。包括 6 家中国机构、6 家美国机构、2 家韩国机构及 1 家荷兰机构；从机构属性来看，有 11 家高校、2 家科研机构，以及 2 家企业。其中，我国的申请机构主要为高校及企业。

从专利申请数量来看，排名第一的是美国辛辛那提儿童医院医疗中心，有相关申请专利 73 件，在前体细胞形成 3D 聚集体、类器官培养的生物工程设备等多个领域取得了一系列突破性成果，核心专利包括 US11767515B2（结肠类器官及其制备和使用方法）、US11584916B2（由多能干细胞制备体内人小肠类器官的方法）、US10781425B2（通过定向分化将前体细胞转化为肠组织的方法和系统）等。四川大学、加利福尼亚大学分别位列第二、第三，有相关申请专利 62 件、60 件（表 4-4）。

表 4-4　类器官专利申请人 TOP 15（2013—2022 年）

申请人	所属国家	机构属性	数量/件
辛辛那提儿童医院医疗中心	美国	科研机构	73
四川大学	中国	高校	62
加利福尼亚大学	美国	高校	60
创芯国际生物科技（广州）有限公司	中国	企业	51

续表

申请人	所属国家	机构属性	数量/件
荷兰皇家艺术与科学学院	荷兰	科研机构	39
华南理工大学	中国	高校	37
浙江大学	中国	高校	37
清华大学	中国	高校	36
延世大学	韩国	高校	30
陕西科技大学	中国	高校	30
麻省理工学院	美国	高校	27
哈佛大学	美国	高校	25
Organoidsciences 公司	韩国	企业	22
维克森林大学	美国	高校	22
约翰霍普金斯大学	美国	高校	21

四、全球研究进展

近年来，全球类器官领域的重要技术进展主要聚焦在类器官及类器官疾病模型的创建、类器官在新药研发和再生医学中的应用、类器官与其他技术融合及研究分析等方面。

（一）类器官构建及疾病模型构建相关突破

在肠道类器官培养上，荷兰皇家艺术与科学学院和玛西玛公主儿童肿瘤中心的研究人员改进了人类小肠类器官，包含成熟的潘氏细胞（Paneth cell）。辛辛那提儿童医院 Michael A. Helmrath 团队通过在具有人源化免疫系统的小鼠肾包膜下移植来源于 PSC 的人类肠道类器官来生成含有免疫细胞的肠道类器官，为未来研究感染或过敏源驱动的肠道疾病提供了框架。

在大脑类器官构建上，宾夕法尼亚大学 Han-Chiao Isaac Chen 团队利用表达绿色荧光蛋白（GFP）的人多能干细胞系（C1.2-GFP）诱导生成前脑皮质类器官。上海科技大学生命科学与技术学院向阳飞等从人胚胎干细胞构建具有核团特性的人类腹侧丘脑类器官。

在心脏类器官构建上，奥地利科学院分子生物技术研究所的研究人员建立了一个人类多腔心脏类器官，概括了所有主要胚胎心脏室的发育，包括右心室、左心室、心房、流出道和房室管。

在疾病模型构建上，2024 年 2 月，美国南加州大学团队利用人类脑类器官和小鼠建立了 *SNORD118* 突变导致的核糖体疾病模型，高度还原了细胞增殖减缓、细胞凋亡、rRNA 和蛋白合成减少，以及 p53 激活等病理特征。美国纽约西奈山纳什家族神经科学中心团队通过构建人脑类器官，揭示了星形胶质细胞在衰老和帕金森病（PD）中的致病作用。2024 年 1 月，新加坡南洋理工大学和 Altos Labs 的合作团队开发了体外和体内的多囊肾病肾脏类器官模型，揭示了纤毛-自噬代谢轴多囊肾病的治疗新靶点。2023 年 10 月 12 日，荷兰伊拉斯姆斯大学团队构建 hiPSC 来源的皮肤类器官，该皮肤类器官易受猴痘病毒感染，用于研究猴痘病毒在皮肤中的发病机制，以及测试抗病毒药物。2023 年 4 月 17 日，香港大学、复旦大学等多家机构的研究团队合作，通过呼吸道类器官评估了 Omicron BA.5 及其他变异株在人体呼吸道细胞的感染和复制能力的改变。

（二）类器官在新药研发中的应用

随着科学技术的不断进步，类器官和器官芯片被逐渐应用于新药研发的多个环节，如靶点发现、高通量筛选、安全性评价、药代动力学研究等。

在靶点发现方面，类器官及器官芯片可以真实模拟人体内生理病理反应，为复杂疾病及罕见病提供可靠的模型，结合 CRISPR 技术，为靶点发现提供新途径。Hubrecht 研究所的 Delilah Hendriks 等将 CRISPR 技术与肝类器官结合，研究了非酒精性脂肪肝病（NAFLD）的特征靶点，通过对35个脂代谢通路相关或NAFLD临床风险相关的基因进行筛选，发现脂肪酸去饱和酶2（FADS2）基因有潜力成为治疗NAFLD的药物靶点。

在高通量筛选方面，类器官具有遗传稳定性和高通量筛选的可扩展性的优势。上海交通大学公共卫生学院王慧同美国研究人员首次使用人类多能干细胞构建的肺类器官和结肠类器官进行高通量筛选，从美国FDA已批准的多种药物中鉴定出伊马替尼、霉酚酸和喹吖因二盐酸等药物可阻止SARS－CoV－2进入肺类器官，也可抑制结肠类器官中的病毒感染，验证了上述类器官模型可用于筛选COVID－19患者的候选药物。

在安全性评价方面，辛辛那提儿童医院的Takanori Takebe团队用肝类器官模型与384孔的高速实时成像平台，测试了238种上市药物的肝毒性，结果显示，该模型的预测准确性高（灵敏度：88.7%；特异性：88.9%），高于传统的非啮齿动物模型（63%）、啮齿动物模型（43%）及原代人肝细胞3D球（69%）。在神经毒性方面，德国马普学会分子生物医学研究所的Jan M. Bruder团队用脑类器官评价了84种化合物的神经毒性，结果表明，3D脑类器官模型的敏感性高于传统的2D培养模型。另外，哈佛医学院Ryuji Morizane等用人类多能干细胞构建了肾类器官，以节段特异性方式模拟药物引起的肾小管和肾小球损伤，使用ATP和ADP生物传感器，为药物肾毒性的测定提供了新工具。

在药代动力学研究方面，罗氏的研究团队应用英国细胞培养公司CN－Bio的PhysioMimix MPS多器官系统（包括肠道和肝脏模型），来研究霉酚酸酯（MM）及其两个主要代谢物（MPA、MPAG）的药代动力学。得到的数据证实了只有在一个器官芯片系统设备中，使肠（Caco2及HT29）细胞和肝细胞共同培养，才能更完整地定性研究肠和肝对MM、MPA、MPAG的共同贡献。同时，这项工作在前人使用多器官芯片系统的研究基础上，进一步深入探讨了多器官芯片系统用于评估肠道和肝脏代谢和清除功能的应用，以及研究了药物相互作用的效用。

（三）类器官在再生医学中的应用

同种或异种器官移植技术逐渐成熟，然而供体有限和组织排斥等问题仍然存在。类器官技术的出现为这一领域带来了新的突破。类器官技术能够满足供体组织的需求，同时因为扩增的组织来源于本体，可以最大限度地减少排斥反应。同时，类器官技术也可以用于治疗神经退行性疾病，如脊髓损伤和帕金森病等，为这些难以治愈的疾病提供新的治疗策略。

应用 CRISPR/Cas9 基因编辑技术，荷兰乌特勒支大学 Jeffrey Beekman 团队对人源性的结肠类器官的种系 CFTR 突变进行纠错，纠错后可以恢复酶促功能，再将其移植到突变部位，以产生健康的上皮。将构建的类器官移植到小鼠的结肠中，其能够在移植部位很好地保留组织结构和细胞分化状态等典型的器官特征。

（四）类器官与其他技术融合发展

高内涵成像技术助力类器官研究。类器官和基于类器官的器官芯片技术未来的在线空时动态检测发展是行业的重要趋势。先进的高内涵成像技术在这一技术的发展中发挥着关键作用。通过体外实时观测，研究人员可以观察类器官的生长过程，从而对类器官的培养和生产进行质量控制。例如，国外公司 Cellesce 利用在线传感器和实时监控技术，对类器官的生产过程进行更好的控制，确保精确的培养条件，从而提高产量，同时控制类器官大小，减少批次间和用户间的不确定性。

在科研领域，已经有团队成功进行器官芯片的实时观测。2021 年 4 月，哈佛大学 Yu Shrike Zhang 团队发表了一项关于器官芯片的电化学生物传感器集成研究。他们将微电极功能化、生物标志物检测和传感器再生三大功能整合在一起，实现了对动态指标的实时检测。东南大学顾忠泽团队作为国内首批开展人体器官芯片研究的团队，亦构建了器官芯片的高内涵检测装置和人工智能评价方法，并且在 2023 年的华为全联接大会上发布了全球首个人工智能和人体器官芯片结合的大模型成果。这些研究成果将为类器官及器官芯片技术的进一步发展提供有力的支持。

与基因编辑、自动化等技术融合发展。近年来，有研究团队将 CRISPR 技术与类器官相结合，能够实现精准研究单一基因突变对细胞的影响，从而建立起基因型和表型的关联性。2023 年 2 月，Hans Clevers 团队在 *Nature Biotechnology* 期刊上发表的研究即是利用 APOB 和 MTTP 突变类器官建立了一个基于 CRISPR 的筛选平台，以识别脂肪变性调节剂/靶点，并评估 NAFLD 风险基因。结合 AI 的自动化和高通量仪器设备，进一步优化样本质控及培养、使用过程的标准化工作流程，使提高工作效率成为可能。利用高内涵成像技术进行类器官和器官芯片的实时体外观测，与 AI 的结合是必然趋势。

类器官分析研究方法不断革新。2023 年 12 月，美国杰克逊实验室团队开发了一种新的计算方法——Cellos（cell and organoid segmentation）。Cellos 对具有众多类器官图像的体积三维分割和形态学量化进行了高通量处理，该方法是一个准确、高通量的 3D 类器官分割流水线，使用经典算法进行 3D 类器官分割，并使用经过训练的 Stardist–3D 卷积神经网络进行核分割。Cellos 提供了强大的工具，用于基于 3D 成像对类器官进行药理学测试和生物学研究的高通量分析。印第安纳大学伯明顿分校团队开发了一种由电子硬件和大脑类器官组成的混合计算系统，可执行语音识别和非线性方程预测等人工智能任务。这一研究凸显出一种可能的方法，或可克服现有计算硬件的一些限制。

2023 年 9 月，奥地利科学院分子生物技术研究所和苏黎世联邦理工学院的合作团队开发了一种 CRISPR–人类类器官–单细胞 RNA 测序系统（CHOOSE 系统）。该系统使用经过验证的 gRNA、基于诱导 CRISPR–Cas9 的基因敲除和单细胞转录组学，对嵌合型大脑类器官进行了功能缺失筛查。

2023 年 5 月，瑞士巴塞尔罗氏创新中心、苏黎世联邦理工学院和苏黎世大学的合作团队，开发了一种分析细胞及组分的新方法——迭代间接免疫荧光成像。他们将该方法应用于人视网膜类器官，生成了多模态图谱，描述了整个 39 周视网膜类器官的发育。结合单细胞转录组和染色质可及性时间序列数据集，推断出类器官发育的基因调控网络。

五、发展趋势

（一）未来类器官研究可能聚焦在 4 个方向

1. 需求导向的基质胶等材料发展

类器官培养需要 3 个基本条件，即干细胞、细胞外基质或基质胶，以及调节因子。基质胶在类器官培养中起关键作用，其成分的明确，以及工业合成基质胶替代材料的发展，可以解决基质胶的成本昂贵问题。

2. 促进全息扫描及 3D 打印技术发展

随着全息扫描技术、3D 打印技术及材料技术的不断发展，更为复杂的 3D 支撑材料的应用可能能够满足肿瘤微环境保留的需求，复刻肿瘤组织模型，从而实现类器官培养体系在肿瘤微环境方面的广泛应用。

3. 干细胞龛细胞团提取技术的革新

干细胞的主要来源之一是从胚泡的内细胞团中分离出的胚胎干细胞，以及各种组织中的成体干细胞，如神经干细胞。干细胞龛细胞团提取在类器官培养中具有至关重要的作用。未来，随着技术的不断发展，有望突破目前广泛采用的细胞连接消化方法，采用更高效的技术实现对干细胞龛细胞团的提取。这将极大地提高类器官培养的成功率，为医学研究和治疗提供更准确、更可靠的模型。

4. AI 等技术在类器官研究中的应用

通过 AI 对高内涵图像数据进行分析，可以观察类器官的生长过程、药理作用，以及类器官在形态和细胞数量方面的细微变化。可以随时进行模型的精准控制及构建策略的调整，以满足 FDA 对于复杂体外模型构建的相关严格要求。此外，还可以利用模型本身进行科学性评价，通过类器官/器官芯片模型进行高通量试验来收集大数据，并结合其他各个维度的多组学临床数据，如基因组学、转录组学、蛋白质组学和代谢组学等。AI 等新技术的结合可以进行疾病机制等方面的基础研究，为新药开发提供辅助决策依据。

（二）政策推动类器官领域实现跨越发展

2022 年，类器官领域发展迎来了里程碑，赛诺菲公司利用 Hesperos 公司开发的体外微生理系统，针对两种罕见的自身免疫性疾病开展了临床前研究，获得的研究数据得到了 FDA 的认可，批准了相关药物进入临床试验，这是全球首个完全基于体外微生理系统研究获得临床前数据的新药获批进入临床试验。美国 FDA 在 2022 年 6 月即发布了《2022 年食品和药品修正案》，在药物研发相关条款中，不再将“动物实验”作为药物临床前研发的唯一标准，细胞学试验、器官芯片和微生理系统等都被允许在“非临床检测”中应用，且相关结果都可以作为药物进入临床试验的依据。但从实际分析来看，类器官在药物评价中的应用处于探索阶段，该技术完全替代动物实验尚需深入研究、积累数据和广泛验证。

（三）类器官在生物医药领域产业前景广阔

类器官技术在药物研发方面，已经逐渐形成完整的产业体系。《2021—2025 年全球类器官行业深度市场调研及重点区域研究报告》显示，2020 年全球类器官市场规模在 5 亿美元左右，随着医疗技术的进步，类器官市场规模将进一步扩张，预计 2021—2026 年，全球类器官市场规模将保持以 18.2% 的年均复合增长率增长。全球范围内，类器官市场主要集中在北美、欧洲等地区，其中北美地区类器官市场增速高于全球平均水平。类器官已经显示出其强大的发展潜力，国外已经形成一定的市场竞争格局，多家公司正在快速地发展。全球多家大型药物企业，如辉瑞、赛诺菲、阿斯利康、百时美施贵宝等，也纷纷进军类器官领域。它们通过与类器官研发公司合作或建立专门的类器官研发部门，将类器官技术引入新药研发流程中，实现了药物研发流程的优化。这些企业和机构在类器官领域的合作与竞争，推动了该领域的发展和进步。

（执笔人：朱姝）

第五章　增强型地热系统

地热作为一种重要的非碳基可再生能源，具有绿色低碳、稳定高效、资源丰富等特点。根据埋藏深度和赋存状态的不同，地热资源可划分为浅层（200 m 以浅）、中深层（200～3000 m）和深层（3000 m 以深），中深层和深层地热资源又包含了水热型和干热岩型两类。目前全球地热资源开发以水热型为主，干热岩型地热开发尚处于起步阶段，增强型地热系统（enhanced geothermal system，EGS）是后者开发的关键核心技术，现已成为国际能源领域研究热点。美、英、日、法、德等国家近年相继实施了大规模 EGS 地热工程示范和关键技术研发，《麻省理工科技评论》亦将增强型地热系统列为 2024 年“十大突破性技术”之一，该技术有望实现全球地热资源大规模开发利用，加速全球能源系统低碳化转型进程。

一、技术概述

在应对全球气候变化和全球能源系统低碳转型的背景下，地热资源以其清洁、运行稳定和空间分布广泛的特性，已成为世界各国重点研究和开发的新能源。地热资源按其产出条件可分为水热型和干热岩型，目前世界各国主要开采和利用的是水热型地热资源，约占已探明地热资源的 10%，更多的地热能储存于干热岩地热资源中。保守估计，地壳中可利用的干热岩资源量大约是地球上所有石油、天然气和煤炭资源量的 30 倍。据中国地质科学院水文地质环境地质研究所 2012 年的调查结果：我国大陆范围内，仅在深度 3.5～7.5 km，温度 150～250 ℃，可采出利用的地热能就相当于我国 2010 年一次能源消耗总量的 5300 倍[①]。

增强型地热系统是干热岩型地热开发的关键核心技术，该技术借助大型水力压裂等工程手段对地下深部低渗岩体进行人工造储，迫使岩石开裂形成具有渗透性的多尺度人工缝网，之后依据人工缝网走向确定采出井位置，形成一注一采、一注多采或多注多采的开发模式，进而实现发电和地热能综合利用[②]。增强型地热系统有以下优势：一是地热作为清洁、可再生能源，可以有效促进能源系统低碳转型；二是大多数地热发电厂采用闭环双循环发电，几乎没有温室气体排放；三是实现水热型资源区之外的地热资源利用，大幅扩展地热资源利用区域；四是地热资源没有间歇性、波动性问题，摆脱对储能技术的依赖。

1970 年，美国洛斯阿拉莫斯国家实验室最早提出了这种高温岩体地热资源开发的概念与思路，1974 年世界上第一个 EGS（当时称为 HDR，hot dry rock）项目在新墨西哥州北部的芬登山（Fenton Hill）正式开始场地试验，而后英国、德国和法国等欧洲国家也开始着手进行类似试验[③]。据有关机构统计，目前全球在建及运行的 EGS 工程已达 30 个，其中 14 个实现了运行发电，目前尚在运行的有 5 个，总装机容量为 12.2 MW，全球范围尚未实现大规模商业化运行[②]。

增强型地热系统产业化过程面临一系列技术瓶颈。一是 EGS 开发过程中，缺乏有效的干热岩人工造缝调控技术，导致人工裂缝单一且尺寸较大、流体短路循环，造成过早热突破、采热效率低；二是 EGS 形成和采热过程受渗流、传热、介质变形、水岩反应等多种因素影响，地热储层内多尺度多场耦合发展规律和机制仍不明确；三是 EGS 采出井举升过程中高压降引起的流体闪蒸问题，影响井内的流动换热特性，制约井内热流体

① 来源：《增强型地热系统：国际研究进展与我国研究现状》。
② 来源：《增强型地热系统关键技术研究现状及发展趋势》。
③ 来源：《增强型地热系统的开发——以法国苏尔士地热田为例》。

的高效提取；四是 EGS 地上发电模式众多，仍存在热电转换效率偏低的问题[①]

二、各国战略部署

（一）美国

美国较早开展增强型地热系统研发和工程示范，并取得重要进展。1974 年，洛斯阿拉莫斯国家实验室（Los Alamos National Laboratory）在新墨西哥州芬登山（Fenton Hill）开展低渗透干热岩的地热利用工程示范。截至目前，美国已开展了 Raft River 项目、Newberry 项目、Northwest Geysers 项目、Milford 项目、Coso 项目、Bradys 项目、Desert Peak 项目、Southeast Geysers 项目等。其中，Raft River 项目在采热方面，Newberry 项目在压裂技术方面都走在世界前列，起到了示范作用。持续的技术研发和工程示范使美国在增强型地热领域取得显著进展。

美国高度重视增强型地热系统，推出系列政策支持其发展。2022 年 7 月 28 日，美国能源部（DOE）启动“石油和天然气示范工程下的地热能源”（GEODE）计划，拟投资 1.65 亿美元推动地热能发电项目。美国能源部希望利用石油和天然气行业的专业技术解决地热开发遇到的困难，目标是到 2050 年使地热能发电装机量达到 60 GW，占美国总发电量的 8.5% 以上。2022 年 8 月 15 日，美国能源部在“地热能研究前沿瞭望台”（FORGE）计划框架下，对增强型地热系统的 5 个重点技术领域提供 4400 万美元支持，推进相关技术创新[②]。

① 来源：《增强型地热系统关键技术研究现状及发展趋势》。
② 来源：《技经观察——美国大力推动增强型地热系统发展》。

增强型地热入选美国能源部“能源攻关计划”，成为推动美国能源转型的核心能源类型。2022 年 9 月 9 日，美国能源部宣布启动新的一批“能源攻关计划”（Energy Earthshots），大力推动 EGS 发展，目标是 2035 年将其成本降低 90%，降至每兆瓦时 45 美元。在资源潜力方面，美国拥有约 5 TW 地热资源，受技术和成本限制，现在仅实现地热发电 3.7 GW，推动 EGS 技术可释放丰富的地热资源，实现更广泛的清洁供电和供热。在技术研发方面，美国能源部的研发重点聚焦于 4 个方面：一是推动工程降本，大幅降低钻井、压裂相关材料和装备费用；二是先进工程技术研发，实现更长、更深的高效钻井；三是更高质量的数据收集，以实现更高精度的地热资源勘探和更高效率的地热资源利用；四是储层检测，避免地下流体逸散[①]。

2023 年 2 月 8 日，美国能源部宣布将提供 7400 万美元的资金用于测试增强型地热系统的有效性和可扩展性的示范项目。美国能源部希望该项投资的研究和开发结果将证明地热能的增长和最终潜力。此次资助的目标是在各种地质地层和地下条件下确定和开发 EGS 试点示范项目，聚焦 4 个研究主题，分别为 EGS 近端、EGS 绿地模式、超热/超临界 EGS 及美国东部地区 EGS[②]。

（二）欧洲

地热是一种重要的可再生能源，可实现发电、供暖、制冷、热水供应和短期/季节性储能等多种用途。鉴于地热资源属性，英国、法国、瑞典、瑞士、奥地利等欧洲国家积极推动 EGS 产业发展。2022 年的全球能源危机和天然气价格波动促使欧洲国家加快推动能源安全和能源独立进行。拥有地热资源的国家正将重点转向地热，将其作为供暖、制冷、发电的潜在来源，增强型地热将成为有力支撑欧洲应对气候危机、能源危机的重要清洁能源类型。

---

① 来源：“Enhanced Geothermal ShotTM：Unlocking the Power of Geothermal Energy”。

② 来源：https：//www.casisd.cn/zkcg/ydkb/kjqykb/2023/kjqykb202304/202305/t20230512_6752413.html。

欧洲地区是推动全球应对气候变暖的先行军。过去几年，欧盟相继发布了“REPowerEU”、*EU Energy System Integration Strategy* 等多项立法措施和战略举措，以加速能源低碳转型。在地热领域，欧盟“地平线 2020 研究与创新计划”（Horizon 2020 Research and Innovation Programme）资助了多个大型地热研究项目。GEOENVI project（2018—2021）侧重于地热环境评价，目标是开发一套全生命周期的评价方法来计算地热项目的环境影响和经济效益。GEORISK project（2018—2021）旨在通过金融工具制订风险保险计划，以降低地热资源的开发风险。GeoERA（2018—2021）聚焦应用地球科学领域，开展地热资源国际科技合作，资助了包括城市浅层地热能管理在内的多个合作项目。DESTRESS project（2016—2021）聚焦于增强型地热，旨在提供更经济、持续和环保的地热资源开发解决方案。DEEPEGS project（2015—2020）旨在部署深层增强型地热开发，通过工程示范测试若干地热增产技术[①]。

作为欧盟制定地热资源发展战略、推动地热资源开发利用的重要机构，欧洲深部地热技术与创新平台（ETIP-DG）2023 年正式发布了战略研究与创新议程，明确了地热领域的优先研究事项和发展目标。在增强型地热领域，研发中心聚焦于以下 3 个方面：一是开发先进的地质评价模型，开展 EGS 潜力评价；二是建立适用于欧洲不同地质条件的 EGS 评价模型；三是在不同地质条件下选择至少 3 个地区开展工程示范，以期通过工程示范，将钻井勘探成本降低 10%[②]。

（三）日本

2021 年 6 月 18 日，日本经济产业省（METI）宣布将其在 2020 年 12 月 25 日发布的《绿色增长战略》更新为《2050 碳中和绿色增长战略》，新版战略主要将旧版中的海上风电产业扩展为海上风电、太阳能、地热产业；

① 来源：*Global Geothermal Market and Technology Assessment 2023*。
② 来源：*ETIP Geothermal-Strategic Research and Innovation Agenda*。

将氨燃料产业和氢能产业合并；新增了新一代热能产业。日本政府对《2050碳中和绿色增长战略》的更新，进一步凸显了地热产业在日本能源体系中的重要战略地位①。

报告指出，新一代地热产业的发展目标是：到2030年实施调查井的钻井试验，并对开发的钻井技术和外立面材料等构件进行验证；到2040年验证包括涡轮等地面设备的整个发电系统；到2050年在世界上率先开展下一代地热发电技术示范。重点工作任务：一是促进新一代地热发电技术发展，旨在实现超临界地热发电，在日本形成1万亿日元的市场规模；二是注重基础科学数据采集和风险资本支持，在重点地热开发地区，系统采集相关科学数据；三是推动相关法律法规审查和实施②。

三、总体发展情况

（一）论文产出

利用Web of Science核心合集数据库进行检索，利用Web of Science平台及网络分析软件VOSviewer对论文数量年度变化趋势、主要国家、关键词等进行计量分析。

1. 论文整体情况

对增强型地热系统的年度论文数量进行分析（图5-1），结果显示，论文数量整体呈现上升趋势，尤其是近10年来，国内外对该领域的关注度逐渐提高。2013年该领域论文数量为114篇，2022年达到549篇，增长381.6%，增幅显著。

① 来源：http://www.casisd.cn/zkcg/ydkb/kjqykb/2021/202109/202111/t20211110_6248421.html。
② 来源："Japan-Green Growth Strategy"（Revised on 2021.6.18）。

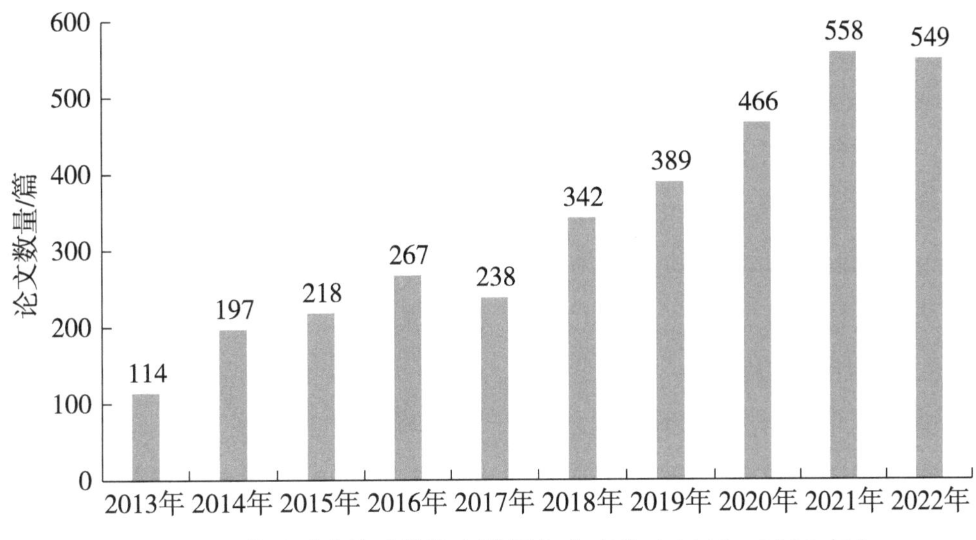

图 5-1 增强型地热系统论文数量年度变化（2013—2022 年）

2. 论文国家比较

美国和中国是该领域论文数量排名前 2 的国家。在论文国家合作程度方面，我国和美国合作最多，我国与澳大利亚、南非等合作较为紧密，美国与英国、新西兰、加拿大等合作较为紧密，英国与德国、新西兰等合作较为紧密。

3. 关键词共现分析

利用 VOSviewer 软件中的关键词共现分析功能，将关键词最低共现次数设置为 10 次，得到 651 个关键词，增强型地热系统（enhanced geothermal system）出现次数最多（655 次），其次为模型（model）、渗透性（permeability）、能量（energy）、干热岩（hot dry rock）。

（二）专利产出

对增强型地热系统国内外相关专利信息进行调研，检索数据库是 The Lens，该平台同时收集全球近 95% 的专利文献和来自 PubMed 等多个数据库的期刊文献。考虑到专利权期限，以“enhanced geothermal systems”或“enhanced geothermal energy”为主题，检索近 10 年的所有专利数据，经人工清洗后进行后续分析。

1. 专利申请趋势

总体上看，增强型地热系统处于增长模式，2013—2019 年专利申请数量回落，说明该领域研发遇到了技术瓶颈，2020 年至今，增强型地热系统有了新的突破，其专利申请数量呈现快速增长趋势，2020 年、2021 年和 2022 年的专利申请数量分别为 60 件、65 件和 78 件（图 5–2）。

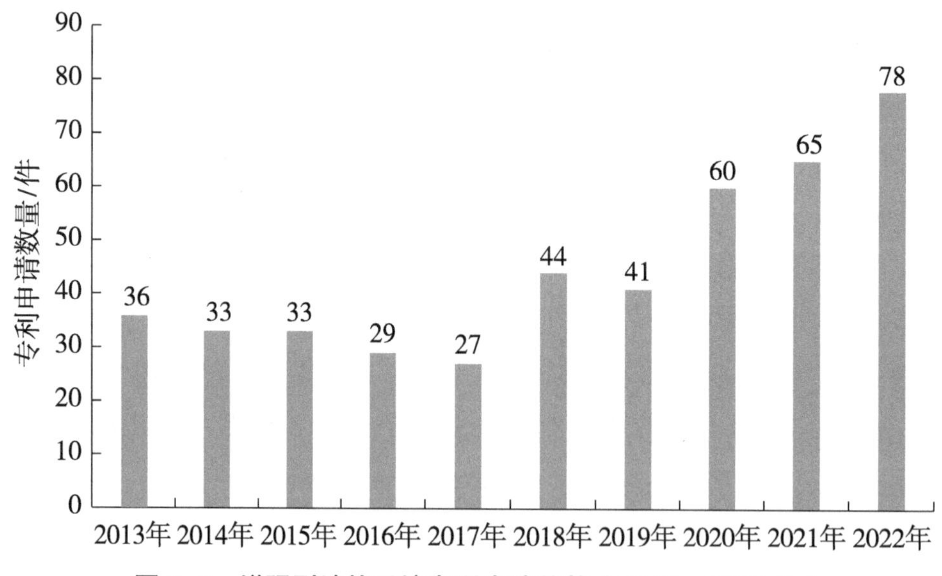

图 5–2　增强型地热系统专利申请趋势（2013—2022 年）

2. 主要国际专利分类

从专利分类号角度看，增强型地热系统专利主要集中在F部（机械工程；照明；加热；武器；爆破）、F24大类（供热；炉灶；通风），属于加热类。从IPC小类来看，E21B（土层或岩石的钻进）的专利数量最多，有430件，其次为F24T（地热集热器；地热系统）、F03G（弹力、重力、惯性或类似的发动机；不包含在其他类目中的机械动力产生装置或机构，或不包含在其他类目中的能源利用）（表5－1）。

表5－1　增强型地热系统专利IPC分布

IPC小类	专利数量/件	分类号解释
E21B	430	土层或岩石的钻进
F24T	184	地热集热器；地热系统
F03G	149	弹力、重力、惯性或类似的发动机；不包含在其他类目中的机械动力产生装置或机构，或不包含在其他类目中的能源利用
C12P	120	发酵或使用酶的方法合成目标化合物或组合物或从外消旋混合物中分离旋光异构体
F25B	95	制冷机，制冷设备或系统；加热和制冷的联合系统；热泵系统
F24J	79	不包含在其他类目中的热量产生和利用
F01K	62	蒸汽机装置；贮汽器；不包含在其他类目中的发动机装置；应用特殊工作流体或循环的发动机
F24D	62	住宅供热系统或区域供热系统，例如集中供热系统；住宅热水供应系统；其所用部件或构件
C25B	60	生产化合物或非金属的电解工艺或电泳工艺；其所用的设备
C02F	56	水、废水、污水或污泥的处理

四、全球研究进展

（一）全球地热领域研发热点[①]

世界各国愈发重视地热产业发展，经过几十年的持续研发，地热领域取得多项重大技术突破，地热应用场景愈发多元。在全球能源系统低碳转型背景下，地热同其他能源类型的融合发展愈发密切，以下从 9 个方面追踪全球地热领域研发热点。

1. 超临界流体研究

新西兰和日本均启动了超临界流体研究，以期实现更为高效的地热资源发电。新西兰研究重点是圈定火山带超临界地热资源，明确超临界流体热化学性质。日本通过新能源和工业技术开发组织（NEDO）开展超临界流体研究，启动了“超临界地热资源成因研究”项目，以期实现 2050 年利用超临界地热资源发电的目标。欧盟和墨西哥联合启动 GEMex 项目，对墨西哥 Los Humeros 地热田开展超临界流体资源潜力评价研究。

2. 地热盐水提取矿物

全球能源系统低碳转型大幅提升了对锂、铜、镍等矿物的需求量，利用地热盐水提取关键矿物备受各国关注，并具有巨大潜力。美国 Salton Sea 地区的地热盐水中锂浓度较高，可达 440 毫克/升，该地区锂资源储量约 200 万吨，与其他世界级锂矿床规模相当。美国矿业局和私营企业自 20 世纪 70 年代即在该地区的地热电厂开展矿物提取相关技术研发，锂矿提取工艺现已接近商业化。2021 年在该地区启动了“Hell’s Kitchen Lithium and Power”项目，预计 2026 年可实现 260 兆瓦的地热电力和 8 万吨碳酸锂产量。近年来，欧洲各国加大该领域技术研发力度。法国 Rittershoffen 地热电厂于 2021 年成功实现地热盐水提锂。欧洲地热能源理事会 2022 年 4 月向欧盟委员会呼吁，加大对地热盐水提锂领域的公共财政支持力度。英国亦启动多

① 来源：*Global Geothermal Market and Technology Assessment 2023*。

个地热流体提锂研发项目。

新西兰、德国、智利等国家也开展相关研究和工程示范。新西兰政府资助科研机构对地热盐水矿物回收的商业潜力和加工技术进行了研究，以期实现从地热盐水中提取二氧化硅、锂、硼、铷和铯等矿物质。2021年，世界上第一个可持续的大型商业地热卤水二氧化硅回收工厂在新西兰Ohaaki地热田投入使用，该工厂同期进行了卤水提锂工程试验。德国和智利联合启动BrineMine项目，聚焦智利北部Cerro Pabellon等地热资源区开展从地热卤水中分离锂矿物的相关研究。

3. 油气井地热资源联产

区域热流研究表明，墨西哥湾沿岸的沉积盆地、安第斯前陆和南美洲其他沉积盆地具有诱人的地热潜力。在上述地区的深部高压油气藏，可利用废弃的陆上油气井实现地热资源开发，为偏远地区提供所需的电力和热力。近期，哥伦比亚相关油田已开展相关工程示范，并展现出巨大的应用前景。

4. AGS 闭环地热

20世纪80年代初已提出使用密封井或在现有井内安装热交换器的密封回路闭环概念。近年来，该技术获得广泛关注。在美国Coso地热田和加拿大落基山附近正开展工程示范。Coso地热田使用水和超临界二氧化碳作为传热流体，取得了重大技术突破。加拿大Eavor–lite项目始于2019年，用以开展Eavor–LoopTM技术工程示范。该工程原型成功证明了闭环系统的技术可行性，其运行完全由热虹吸效应驱动，解锁了潜在的新地热能来源。

5. 灵活型地热

地热通常作为恒定电力供应源，但随着光伏、风电等可再生能源在电力系统中的占比逐渐提高，电网灵活性的需求也逐渐提高。尽管存在技术和经济问题，但可调度/灵活性地热在技术层面仍具可行性。近期，夏威夷地区的Puna地热厂实现了地热调度的可行性，成为北美第一个灵活性地热工厂。

6. 混合型地热

过去10年间，美国地热运营商已开始部署商业化的地热–太阳能混合系统。内华达州的Stillwater、Patua和Tungsten Mountain地热发电厂已实现同太阳能光伏阵列相结合。其中，Stillwater部署了一个太阳能热系统来预热用于地热发电的盐水，较过去发电量增加3.6%。

7. 地下热能存储

现已成为地热领域的重要技术发展方向。加拿大在2007年启动了一个区域供热示范项目，该项目将太阳能与井内储热相结合。近期，美国启动地下热能存储地质调查，开展裂缝性火山岩的储层适用性分析。此外，美国也开展太阳能增强型地热的相关研发，该技术利用太阳能系统加热地热流体，然后将其泵送回注到地下的地热储层中。

8. 低温地热发电

近年来，小型地热发电厂在各国成功运行，得益于改进的ORC设计，实现利用较低温度（70～120 ℃）地下流体进行发电。位于美国佛罗里达州峡谷金矿的微型地热发电厂，利用110 ℃的地热流体实现了50千瓦时的发电。此外，在美国能源部的资助下，密西西比州的Denbury油田利用95 ℃的采出水进行了为期6个月的工程测试。

9. 二氧化碳地质封存

冰岛的Carbfix公司与Hellisheiði地热田合作，将空气中捕获的二氧化碳通过地热井实现永久地质封存，该示范工程获得欧盟委员会Silverstone项目资助。

（二）主要国家增强型地热研发概况[①]

美国能源部通过“地热能研究前沿瞭望台”（FORGE）等计划，加大对EGS技术研发支持力度。FORGE于2015年在Milford地区（犹他州）

① 来源：*Global Geothermal Market and Technology Assessment 2023*。

建设了一个专门开展 EGS 前沿技术研发的地下试验场。2021 年，第一口高斜度深井和两口垂直监测井完工，钻井周期大幅缩短，水力压裂研究和测试正在进行中。此外，美国能源部围绕钻井效率、无水增产和机器学习等方面逐步扩大 EGS 资助强度，相继推出了地热井机会计划（WOO）、EGS 协作计划等。WOO 推动了内华达州和加利福尼亚州在现有地热资源基础上，开展 EGS 资源勘探、开发和管理相关先进技术研发。EGS 协作计划加强了 EGS 储层建模相关工作。

在欧洲地区，德国、法国、冰岛、奥地利、瑞士和意大利已开展多项 EGS 项目，其中以法国在 1987 年启动建设的苏尔士地热田最为著名。几十年来，苏尔士项目的开发实践诞生了大量科研成果和先进技术，特别是通过 3 口 5 km 深井的取芯、测井、激发及循环测试，基本认识了其深层结晶岩体中温度、裂隙及水力等性质，期间测量和监测的各类数据，以及积累的宝贵经验对全球 EGS 发展起到重要作用。

在亚太地区，2010 年韩国正式启动了 DESTRESS 增强型地热示范项目，目标是利用地热资源实现 1 兆瓦发电能力。该项目于 2016 年和 2017 年相继进行了多轮次大规模水力压裂。但在 2017 年最后一次水力压裂两个月后，发生了 5.5 级地震。这凸显了关于 EGS 诱发地震活动研究的重要性。

（三）增强型地热重点研发领域

干热岩储层具有高温度、高硬度、高应力、高致密的特点，经济开发难度大，目前国内外干热岩开发仍处于探索阶段。围绕增强型地热开发面临的关键瓶颈问题，系统梳理了以下 5 类重点研发领域[①]。

1. 干热岩高效钻井技术

钻井是干热岩资源开发的主体技术，其投资约占总投资的 35% ～ 60%。由于深部地热储层岩体高温、高强度、耐研磨等特点，钻探中钻头磨损严

① 来源：《增强型地热系统关键技术研究现状及发展趋势》。

重、钻探周期长、安全事故多发。钻头作为破岩的主要工具，是实现干热岩优快钻井的关键，贝克休斯牙轮钻头最高耐温能力达到288 ℃，并具有很强的耐磨性和抗冲击性。国内采用金属轴承密封系统、耐高温润滑介质、顶齿掌背强化等技术手段，开发了耐260 ℃牙轮钻。钻杆方面，我国高温螺杆钻具耐温一般不超过180 ℃，贝克休斯正在研发耐300 ℃高温动力钻具系统。

2. 干热岩储层人工压裂技术

干热岩储层较为致密，渗透率极低，为保证注入流体能够与储层岩石进行充分热交换并顺利经采出井采出，一般需要通过储层改造形成连通良好、导流能力高的流动通道，提高储层渗透性。实践过程中，油气行业传统的水力压裂方法无法直接运用到深层地热储层改造中，地热储层压裂后存在裂缝单一、难以形成裂缝网、裂缝延伸不可控等问题，目前全球在实施的EGS项目储层改造，总体上技术仍不成熟，尚未形成可复制推广的干热岩储层激发方案。为此，明晰地热储层人工缝网形成机制、精准预测压裂裂缝，以及有效调控缝网结构，是形成地热储层复杂人工缝网和提高EGS采热效率的关键，具体研究方向涉及干热岩储层改造方法、人工缝网形成机制和裂缝扩展预测模型等。

3. 干热岩开采数值模拟技术

高效开发是实现干热岩经济开采的保障。干热岩储层包括孔隙和裂缝，具有多尺度、非均质性特征。地热开采伴随着剧烈的温度场扰动和水岩反应，改变储层内温度场、压力场、应力场和化学场，涉及热–流–固–化四场耦合，多场耦合作用下地层渗流和热交换机制复杂，为取热效率预测和优化带来挑战。增强型地热实现高效开发的核心是解决好多尺度多场耦合问题。目前，增强型地热开采缺乏多目标优化设计方法，导致注采参数难匹配、开采效率较低。例如，美国芬登山地热田的EE–1井和GT–2井在为期75天的注采试验中生产温度从175 ℃下降到85 ℃。

4. 井筒热流体高效提取技术

EGS 中，流体与岩石换热后进入采出井时温度较高，同时流体经井筒传输至地面的过程中会发生几十个 MPa 的压降。在采出井口附近，若压力降低至流体饱和压力之下，将引发流体的闪蒸相变现象。该现象导致气相水蒸气增多，二氧化碳分压降低，溶解在液相的二氧化碳随之逸出，造成碳酸钙结垢，严重的井筒结垢问题将导致地热井减产和关闭。例如，我国羊八井、那曲、川西地区地热井需要长期机械除垢维持正常运行。我国干热岩开发刚刚起步，在高效开发方面实践还非常有限。因此，明晰地热井内流体闪蒸过程的流动换热特性，实现对井内流体闪蒸的精确预测和有效预防是实现地热井内热流体高效提取的关键。

5. 干热岩地热发电技术

根据地热资源特性选择合理的循环发电模式是提高热电转换效率的关键：干蒸汽、闪蒸等直接发电模式多适用于高温地热系统，有机朗肯循环（ORC）等间接发电模式则是中低温地热资源利用的重要方式。然而，目前各种发电技术的具体适用温度、压力及地质条件尚未明晰，仅以温度为技术选择标准存在局限性，且地热采出温度明显低于传统火力电厂，这将导致地热电效率低下。因此，改善地热发电技术、探明地热发电技术与地热资源条件的适配性是未来地热发电技术的发展趋势。

五、发展趋势

地热是一种丰富且零碳的地质资源，是化石燃料的有效替代品，相较于风能、太阳能而言，具有稳定、持久的资源优势。近年来，增强型地热系统作为前沿技术在全球范围内持续开展技术攻关和工程示范，未来地热产业规模将持续快速扩大，向资源品质更高、应用范围更广的深层地热资源领域进军是必然趋势。

多技术融合发展提高地热勘探精度和效率。地热勘探涉及多个学科领域，包括地质学、地球物理学、地球化学、计算机科学等。未来的发展方向是将多个技术手段综合应用，并将人工智能、大数据分析等技术引入地热勘探中，实现对大量勘探数据的高效处理和分析，更准确地确定地热资源的分布和性质，提高勘探效率和准确性。

增强型地热向资源品质更高、应用范围更广的深层地热领域进军。相较于水热型地热资源开发，干热岩资源储量巨大，资源分布范围更广，应用前景广阔，是深层地热领域的重点突破方向。增强型地热系统可实现资源量丰富的深层高温地热资源大规模商业应用，一旦获得商业突破，可广泛应用于地热发电、工业利用、高温制冷等领域，将大幅提升全球地热资源利用量，有力支撑全球能源体系低碳化转型。以美国、法国、德国等为代表的发达国家已相继开展了一系列增强型地热示范工程建设，以期在深层高温地热资源开发中有更大的突破。

推进“地热+”多能协同，因地制宜培育利用示范区。国际代表性的地热与多元可再生能源耦合技术研究方向主要集中在分布式能源站集成技术、太阳能-地热耦合发电技术，以及以风电、水电为主要耦合能源的多微网与配电网耦合技术。要加快地热能多能耦合技术研发和创新应用，推动地热利用提质升级。同时，要开展地热能与其他能源的协同开发利用，促进地热能与太阳能、风能等清洁能源的互补发展，建立“地热+”多能协同示范区，探索太阳能-地热供暖、风能-地热发电等多能源协同利用技术，实现能源的高效利用和综合效益的提升①。

（执笔人：王超）

① 来源:《地热资源勘探开发技术与发展方向》。

第六章　小型模块化核反应堆

随着全球能源需求的日益增长，核能作为低碳清洁能源在全球受到高度重视。发电功率低于 300 MWe 的小型模块化核反应堆（small modular reactors，SMR），因其模块化建造体积小、建造周期短、安全性能高、易并网、选址成本低、适应性强、多用途等优点，在全球广受追捧。美、俄等主要国家积极推进小型模块化核反应堆的研发与部署，全球有 20 多种小型模块化核反应堆的设计。

一、技术概述

小型模块化核反应堆具有智能灵活的运用特性，可为中小型电网和偏远地区供电，在分布式发电中有重要应用，可以较好地替代退役火电机组，在核能供热领域有广阔的应用前景，有能力给偏远军事基地、海岛、海上平台的能源供应带来革命性变化。小型模块化核反应堆，无论是军事领域还是民用领域，都有广泛需求，将是核反应堆技术未来发展的重点方向，具有战略意义。

根据冷却剂和中子谱的不同，小型模块化核反应堆可以分为陆上模式堆、海上模式堆、高温气冷堆、快堆和熔盐堆。国际原子能机构（IAEA）将电功率小于 300 MWe 的核反应堆定义为小型核反应堆，“模块化”是指核蒸汽供应系统（NSSS）采用模块化设计和组装，当 NSSS 与动力转换系统或工艺供热系统进行耦合连接后，就可以实现所需的能源产品供应。系统模块组装可以由一个或多个子模块进行，也可以根据热工参数匹配性要求从一个或多个模块机组形成大规模的发电厂，用于生产电力或其他。

（一）发展机遇

1. 技术优势

小型核反应堆的技术优势主要体现在以下 4 个方面：一是普遍采用一体化设计建造理念，系统简化，结构紧凑，体积更小，更易于核反应堆控制。同时多采用非能动安全系统，固有安全性得到明显提高。二是由于采用模块化设计且功率小、占地小，对电网的适应性更强，更适合规模较小且不太稳定的电网或是有能源需求的恶劣环境地区。三是由于小型核反应堆系统管道设备数量少、源项小、非能动设计等特性，其应急计划区半径变小。同时小堆消除了较大的失去冷却剂事故的发生，事故响应时间裕量增大，应急计划可进行简化，甚至具备取消场外应急的潜力。四是采用独特的模块化设计，电站可以实现按需建造，通过改变小型模块化核反应堆的数量灵活匹配装机容量，也可以在建设前期就为后续机组扩容做好布置和规划。

2. 经济性优势

小型核反应堆的经济性优势主要体现在以下 4 个方面：一是施工成本降低。由于小型核反应堆采用模块化建造，建设前期准备缩短，现场施工风险大为降低，整个建造周期缩短，大幅降低了建造成本。相比大型核反应堆而言，施工可靠性得到了极大提升，施工成本可节约 5～8 年。二是 SMR 可采用“以堆养堆”的模式降低初始资金投入。“以堆养堆”模式可逐步投入建设资金，逐渐增加装机容量，从而降低了资金受限对核电站建设的影响。“以堆养堆”模式降低了融资难度，且前期投产项目的利润可以为后续机组扩容提供资金保障，财务风险大幅降低，增加了核能对潜在投资者的吸引力，有利于小型核反应堆的推广和普及。三是系统运行维护成本降低。SMR 运行模式灵活，运行效率高，减少了燃料的消耗成本，从而降低了整个核反应堆的运行成本。四是应用前景广阔。通过联合生产模式，SMR 除常规发电之外，还可提供各种非电力产品，如工业供热、制氢、海水淡化、原油提纯、煤炭液化、热电联产等，进而实现最大限度利用闲置电力和热能，应用场景广泛。

（二）面临挑战

1. SMR 关键技术研发面临的主要技术瓶颈

SMR 发展面临的瓶颈主要为：一是各类先进小微型模块化核反应堆因特点不同，采用的核燃料也不尽相同。目前，核燃料种类包括氧化物燃料、金属燃料、氮化物燃料、碳化物燃料等。但是，大多小微型模块化核反应堆都面临着新型燃料研发的关键技术问题。二是新型材料的研发一直是限制核反应堆创新设计的主要因素。除水冷堆以外，铅冷堆、钠冷堆、热管堆、高温气冷堆等新型小微型核反应堆设计中，结构材料的耐腐蚀性、耐高温性均制约了堆芯的有效运行。此外，材料性能也是对安全性影响最大的因素。三是小微型模块化核反应堆的特点是一体化、模块化。这也对加工制造技术提出了新的挑战。此外，在核反应堆后续运行维护上，如何对小微型模块化核反应堆发展研究，如何对这些高度集成的设备进行检修也是面临的一大问题。四是各类小微型模块化核反应堆所使用的类型不同的核燃料也伴随着燃料循环的问题。不同的核燃料因化学组分不同，其制作方法、后处理方式、再循环流程等均存在一定差异，需开发新的燃料循环设施。

2. SMR 规模化部署面临的主要挑战

SMR 规模化部署面临的主要挑战为：一是安全性问题。部分 SMR 为降低运行和维修的复杂性，设计使用了新型部件，这对核安全监管提出了更高要求，需采用更为先进、可靠的仪控技术或手段来实现 SMR 在特定环境下的测量、诊断和控制。二是监管问题及现行标准制度制约。目前全球相关法律标准均是基于大型核反应堆制定，监管方若采用现行标准监管 SMR 发展，该行业必将受到严重阻碍进而丧失其经济、技术的竞争性。三是乏燃料管理制约。SMR 亦会产生乏燃料，但是 SMR 厂址分布分散，以致厂址中产生的乏燃料分布分散，增加了 SMR 乏燃料管理成本，制约了小型核反应堆的发展。四是建造成本制约。小型核反应堆功率密度要比大型核反应堆低，且人员配置、仪控系统等费用也要考虑在造价内。若一个小型核反应堆为 20 kW × 104 kW，一个大型核反应堆为 100 kW × 104 kW，那么建造 5 个小型核反应堆的总造价，一般都要比建造 1 个同级别大型核反应堆的造价高。也就是说，小型核反应堆虽然前期资金投入降低，但单位功率造价成本其实并不低。五是公众制约。切尔诺贝利核事故及日本福岛核事故的发生，让公众“谈核色变”，导致公众对核电的认识并不充分。此外，由于 SMR 的技术特点，其建设地点距离居民区和生活区较近，物理距离的缩短加大了公众对核的抵触心理。

二、各国战略部署

（一）美国

美国积极推进 SMR 等先进核反应堆的概念验证。美国能源部 2010 年发布《核能研发路线图》，其研发目标包含了“改善 SMR、高温气冷堆等先进核反应堆技术的经济可行性”。2012 年，美国能源部公布《小型模块堆部署战略框架》，并启动“SMR 许可证审批技术支持计划”，在 6 年内投入 4.5 亿美元，能源部积极支持私营公司开展 SMR 研制，采用成本共担方式，为 SMR 的设计认证与许可证申请提供支持。

美国近年持续开展 SMR 等先进核反应堆的研发和商业化推广。2021 年 11 月 3 日，美国宣布了“核未来一揽子”（Nuclear Futures Package）计划。根据该计划，美国将为推进核能应用提供 2500 万美元资助，主要用于支持 3 类项目：一是推进现代化大型核电厂建设；二是示范具有发展潜力的核能制氢技术；三是促进创新型核技术发展，如模块化小堆。2023 年 3 月 21 日，美国能源部发布报告《先进核能商业化路径》。报告指出：核电是为数不多的可供选择的清洁基荷电力技术之一；为实现净零排放目标，美国到2050年可能需要建成2亿千瓦核电装机容量，并需要在2030年启动先进核能的商业化部署。报告按照装机容量将先进核反应堆分为三大类：大型反应堆（装机容量100万千瓦及以上）、模块化小堆（装机容量5万～30万千瓦）和微堆（装机容量5万千瓦及以下），并指出模块化小堆更易达到预期的成本目标，并将在先进核能大规模部署初期发挥重要作用。

（二）俄罗斯

俄罗斯高度重视小型模块化核反应堆建设。2011年，俄罗斯国家原子能集团公司（Rosatom，简称“俄原集团”）启动“Proryv Project”，旨在基于快速反应堆的封闭核燃料循环（CNFC）的开发、创造和工业实施，推动核电产业大规模发展。2019年9月5日，俄原集团与萨哈（雅库特）共和国签署协议，未来将在小型模块堆建设领域开展合作，并计划建设俄罗斯首座陆基小堆核电厂。2022年2月11日，俄联邦政府宣布将为新核能发展拨款约1000亿卢布（约13亿美元）。该计划包括建造小型核电厂、建立基于闭式燃料循环技术的无废物能源技术平台、开拓核技术市场及研发新型核燃料。目前，俄原集团开发了多款小型模块化核反应堆以满足破冰船、浮动核电站、海水淡化、热电联产等不同需求。此外，俄罗斯推动SMR在破冰船领域应用，俄罗斯研制的“北极”号核动力破冰船是当前全球排水量最大、性能最强的核动力破冰船。

（三）英国

2014年，英国下议院能源及气候变化特别委员会发布报告，敦促英国开展SMR研究，强调SMR的开发部署是英国实现2050年净零排放目标的必然路径。

2020年11月，制造商劳斯莱斯宣布计划在英国建设16座小型模块化核反应堆，该项目将在未来5年内为英格兰中部和北部地区创造6000个新的就业机会。

2021 年 1 月 12 日，英国 Shearwater 能源公司（Shearwater Energy）计划在北威尔士建设风能–模块化小堆混合能源系统。建成后，该系统将能提供 3 GWe 低碳能源，且每年生产超过 3000 吨氢气。Shearwater 能源已决定使用美国纽斯凯尔电力公司（NuScale Power）的小堆技术建设这一系统，并已与纽斯凯尔签署合作备忘录。

2021 年 3 月 9 日，英国政府宣布拟为先进堆及 SMR 供应链和监管框架开发提供 4000 万英镑（约合 5592 万美元）资金支持。英国计划在 2030 年或 2031 年部署一座 470 MWe 级 SMR。

2021 年 12 月，英国劳斯莱斯公司正式组建劳斯莱斯模块化小堆公司（Rolls–Royce SMR），并向英国政府提交小堆设计，负责推进在英国部署小堆所需的各项工作，目标是 21 世纪 30 年代初在英国建成首座小堆电厂。

三、总体发展情况

（一）论文产出

利用 Web of Science 核心合集数据库进行检索，得到小型模块化核反应堆相关文献 2570 篇，其中论文和综述论文 2498 篇。利用 Web of Science 平台及网络分析软件 VOSviewer 对论文数量年度变化趋势、主要国家、关键词等进行计量分析。

1. 论文整体情况

对小型模块化核反应堆的年度论文数量进行分析（图 6–1），结果显示，该领域论文数量整体呈现稳步上升趋势，国内外对该领域的关注度逐渐提高。尤其是 2018—2022 年，论文数量增速较快。

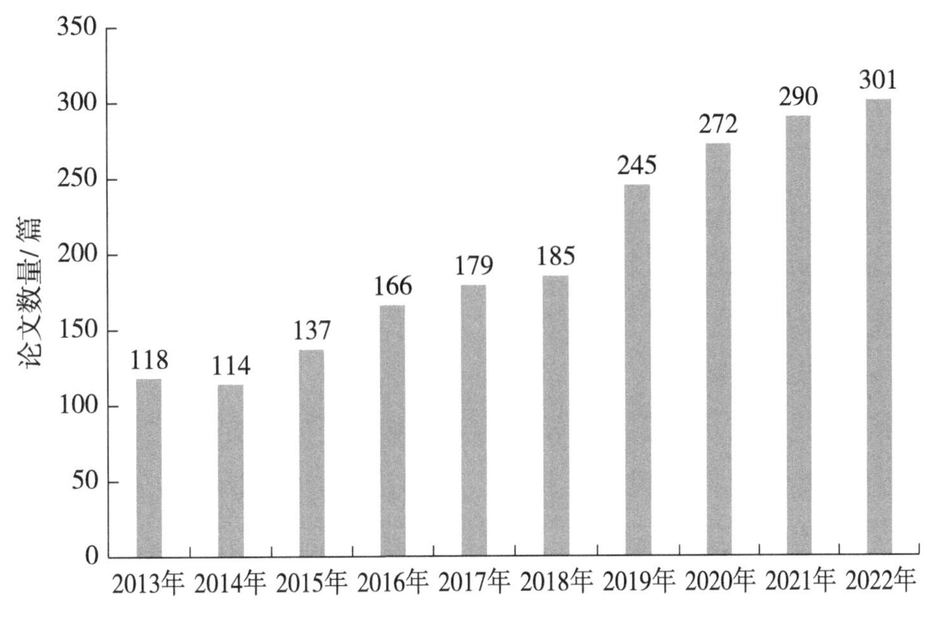

图 6-1　小型模块化核反应堆论文数量年度变化（2013—2022 年）

2. 论文国家 / 地区比较

美国和中国是该领域论文数量排名前 2 的国家。在论文国家 / 地区合作程度方面，我国大陆地区和台湾地区合作最多，我国与澳大利亚、日本等合作较为紧密，美国与德国、瑞典、法国等合作较为紧密，英国与美国、澳大利亚等国家合作较为紧密。核研究正在推动科学、技术、医学和清洁能源领域的创新，面对全人类共同需要应对的气候挑战等关键问题，未来还需进一步推动国家地区间合作。

3. 关键词共现分析

利用 VOSviewer 软件中的关键词共现分析功能，将关键词最低共现次数设置为 10 次，得到 188 个关键词，死亡率（mortality）出现次数最多（278 次），其次为小型模块化核反应堆（small modular reactor）、小型模块化核反应堆（SMR）、流行病学（epidemiology）、小型模块化核反应堆场（small modular reactors）、标准化死亡率（standardized mortality ratio）。

（二）专利产出

对小型模块化核反应堆国内外相关专利信息进行调研，检索数据库为incoPat全球科技分析运营平台。考虑到专利权期限，以“小型模块化核反应堆”“small modular reactor”“SMRs”为主题，检索近20年的所有专利数据，检索日期为2023年10月6日，共得到543条检索结果，经人工清洗后进行后续分析。

1. 专利申请趋势

2016年之后，小型模块化核反应堆领域有了较小突破，2016—2021年其专利申请数量总体呈现增长趋势，说明该领域迎来了第二次技术突破；2022年专利申请数量回归冷静，小型模块化核反应堆的研究进入了平稳期，等待再一次技术突破（图6-2）。

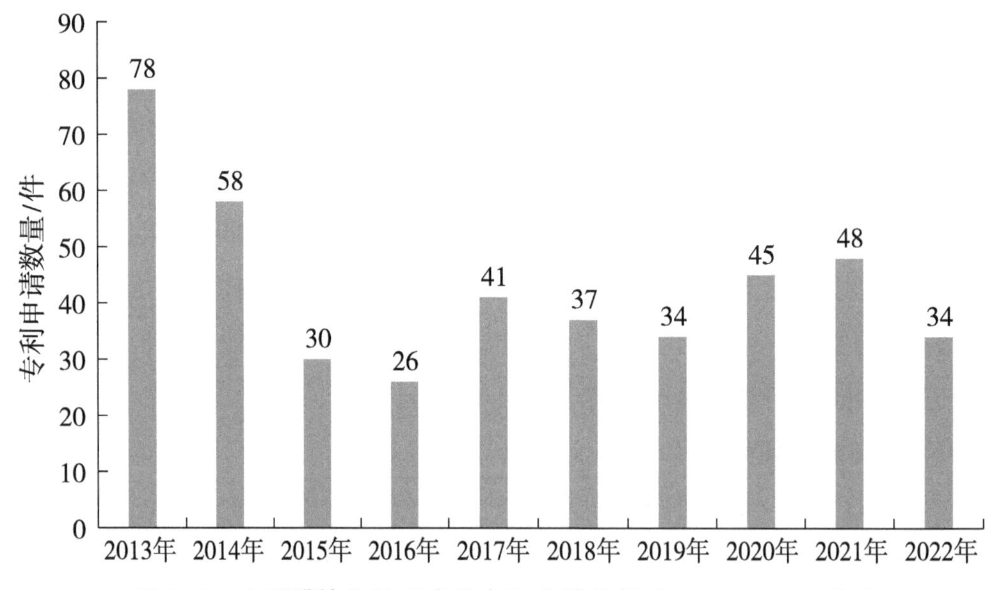

图6-2 小型模块化核反应堆专利申请趋势（2013—2022年）

2. 重要国家 / 组织分布

对小型模块化核反应堆各国/组织公开的专利进行统计，结果显示，近20年来我国是小型模块化核反应堆专利公开最多的国家，占全球的34.95%，其次是美国和韩国等其他地区。从专利来源国分布情况来看，我国是小型模块化核反应堆专利主要来源国家，占比约为35.19%，其次是美国（25.49%）、韩国（12.62%）、比利时（8.50%）和法国（6.55%）。

3. 主要国际专利分类

从专利分类号角度看，小型模块化核反应堆专利主要集中在G部（物理）、G21大类（核物理；核工程）。从IPC小类来看，G21C（核反应堆）的专利数量最多，有150件，其次为C01B（非金属元素；其化合物）、G21D（核发电厂）及C02F（水、废水、污水或污泥的处理）（表6-1）。

表6-1　小型模块化核反应堆专利IPC分布

IPC小类	专利数量/件	分类号解释
G21C	150	核反应堆
C01B	39	非金属元素；其化合物
G21D	27	核发电厂
C02F	26	水、废水、污水或污泥的处理
F04D	23	非变容式泵（发动机燃料喷射泵入；离子泵入；电动泵入）
H02J	20	供电或配电的电路装置或系统；电能存储系统
G06F	11	电数字数据处理
B01J	10	化学或物理方法；其有关设备
B60L	9	电动车辆动力装置；车辆辅助装备的供电；一般车辆的电力制动系统；车辆的磁悬置或悬浮；电动车辆的监控操作变量；电力牵引
H04W	9	无线通信网络

四、全球技术研发及商业化进展

随着核反应堆技术的不断成熟，世界各国致力于发展经济性与安全性更高的小型核反应堆。远期趋势是发展具有固有安全性、体积更小、结构更简单的快堆和高温反应堆。SMR 则主要以成熟技术为基础，大部分也采用轻水堆，并设计研发第四代核电反应堆技术，如钠冷快堆、气冷快堆、铅冷快堆、超高温反应堆、超临界水冷堆和熔盐堆等 6 种堆型。在快速发展的同时，全球 SMR 技术研发和商业部署仍面临新的机遇和多重挑战。

（一）SMR 技术发展路径

全球正在开发的小型堆技术超过 80 种，根据 OECD 发布的《小型模块化反应堆发展机遇与挑战》（*Small Modular Reactors*：*Challenges and Opportunities*），SMR 的技术路线可大致分为单机组轻水 SMR、多机组轻水 SMR、第四代核能系统 SMR、可移动/可运输 SMR 和微型模块化反应堆（mirco modular reactor，MMR）。

1. 基于轻水堆的小型模块化反应堆

无论是单/多机组轻水 SMR，还是可运输式 SMR，其主要基于第二代和第三代轻水反应堆进行开发设计，得益于轻水反应堆几十年的建造、运行和监管经验，这类 SMR 设计较为成熟，它们大约占到了正在设计开发的 SMR 的 50%。

2. 基于第四代反应堆技术的小型模块化反应堆

另外 50% 的 SMR 概念设计是基于第四代反应堆技术，采用了替代冷却剂（即液态金属、气体或熔融盐）、先进的核燃料和创新的系统配置。

3. 微型模块化反应堆

MMR 是一类特殊的 SMR，其装机容量小于 10 兆瓦，通常能够半自主运行，相对于较大的 SMR，其运输能力得到改善，MMR 主要用于偏远地区的离网运行。

（二）全球 SMR 商业进展

相较欧美国家，我国与俄罗斯在 SMR 的商业化方面走在前列，美国的 SMR 部署由于监管阻碍、缺乏用户等因素进展缓慢。

① 我国在陆上小型模块化核反应堆部署方面领先全球，工程建设进展良好。我国的“玲龙一号”反应堆是全球首个通过国际原子能机构官方审查的三代轻水 SMR，也是全球首个陆上商用 SMR，“玲龙一号”（ACP100）于 2021 年 7 月开工建设，单台机组容量为 125 兆瓦。截至 2023 年 11 月，“玲龙一号”钢制安全壳下部筒体已吊装就位，环吊钩头完成全部载荷试验，满足可用条件。

② 俄罗斯已实现海上可移动小型模块化核反应堆在边远地区供能方面的应用。俄罗斯则在可移动式 SMR 商业化方面领先全球，2019 年底，世界首座海上浮动式核电站“罗蒙诺索夫院士”号开始在俄罗斯远东楚科奇地区的佩斯韦克市试运行，其拥有两座改进的 KLT－40 反应堆，每座装机容量达 35 兆瓦。2020 年 5 月，该项目正式投入运营，成为俄罗斯第 11 座在运行的核电站，也是世界上最北的核电站，成为俄罗斯楚科奇地区的主要能源来源。

③ 美国的小型模块化核反应堆部署由于监管阻碍、缺乏用户等因素进展缓慢。美国在 SMR 研究与部署方面行动较早，但是碍于审批手续的繁杂，目前还没有一项 SMR 项目投入正式建设，直到 2022 年 8 月，美国核管理委员会（NRC）才审查通过了纽斯凯尔电力公司（NuScale Power）的一项 SMR 设计，这是 NRC 认证的首个 SMR 设计。然而，该 SMR 的建设项目却于 2023 年 11 月 8 日被宣布终止，原因是大多数潜在用户不愿承担开发此类项目的风险，无法获得足够的用户。纽斯凯尔电力公司表示将继续与国内外客户合作，将其技术推向市场。

五、发展趋势

（一）未来发展方向

短期视角，由于SMR发展面临的主要困难是缺少相关的管理经验及公众信任等带来的部署审批困难，无法建造示范堆以及时验证设计的可行性。考虑到基于轻水堆的SMR设计已具备较高的技术成熟度和较为适用的监管运营经验，因此预计在2030年左右将有不少此类SMR设计能够通过审批。

长期视角，由于第四代反应堆技术在核燃料循环、热量产出等方面较轻水堆具有优势，但基于第四代反应堆技术的SMR因为使用了液态金属、熔融盐、气体等非传统的冷却剂和不同的系统配置，所以在监管审批方面比基于轻水堆的SMR要困难得多，因此在短期内基于第四代反应堆技术的SMR部署还较难实现。目前，第四代反应堆技术中相对比较成熟的技术是基于金属（如钠、铅）冷却和气体冷却的反应堆技术，基于上述第四代反应堆技术的SMR还具有较高的应用潜力。

（二）未来重要应用场景

中小型电网及偏远地区供电：SMR的优势在于容量和选址灵活，适合为中小型电网和偏远地区供电。我国内陆一些大型设备运输不便、地震条件相对不佳、缺乏一次能源、电网和基础设施比较薄弱的地区（如甘肃、青海、新疆、西藏、贵州和四川等），适合批量化建造包括高温气冷堆在内的SMR。

分布式发电：SMR容量小，且距离负荷近，可以直接就近接入地区配电网，满足分布式发电灵活接入与就近消纳的要求，采用“即插即用”的方式，可以与各类发电方式（包括集中式发电与分布式发电）和储能装置实现无缝衔接，实现集中式电源和分布式电源的协调运行。

替代火电机组：在“碳达峰，碳中和”的目标下，大量的火电机组将逐渐退役，SMR 有望替代退役的火电机组。利用退役火电机组厂址建设小堆，可以节约场地平整、征地搬迁等工程前期准备的费用，从而提高竞争力。SMR 在替代退役火电机组方面，将有较大发展空间。

核能供热：国外核能供热有成熟的经验，如俄罗斯、加拿大、瑞典等国家。核能供热厂址靠近城市负荷中心和用户，既可以提高 SMR 的技术水平和安全性，又可以减少管道向环境排放的热量。核能供热既可以通过 SMR 热电联供的方式进行供热，也可以通过池式低温常压 SMR 进行单纯的供热。

核能制氢：SMR 可用于核能制氢，尤其是高温气冷堆将高温制氢作为重要的研发用途之一。目前小堆制氢的研究热点集中于高温电解和热化学制氢等技术领域。虽然核能制氢的单位生产成本现在高于煤制氢的单位生产成本，但仍低于天然气制氢单位生产成本。考虑到未来征收碳税对制氢成本的影响，核能制氢成本可能会低于煤制氢成本。

（执笔人：王超）

第七章　人形机器人

人形机器人集成人工智能、高端制造、新材料等先进技术，被认为是具有广阔发展潜力的未来应用之一，是前沿技术的重要代表，已经成为全球科技竞争的焦点之一。《福布斯》将其列为2023年塑造世界面貌的八大科技趋势之一。近年来，随着全球高新技术特别是人工智能领域的整体快速发展，代表机器人领域研究热点、高端技术和探索前沿的人形机器人，迎来发展高峰。

一、技术概述

不同研究机构对机器人定义略有不同，整体而言，机器人应具有自主能力，是可在其环境内运动以执行预期任务的可编程执行结构。国际机器人联盟将机器人分为工业机器人和服务机器人，中国的国家标准进一步将服务机器人分为个人/家用服务机器人、公共服务机器人和特种服务机器人。总体上，机器人经历了从低级到高级的发展历程，第一代机器人完全按照事先安装到存储器中的程序步骤进行工作；第二代机器人配备了传感器，可以随环境变化调整自身行为；第三代机器人具有交互和思维感知能力，能够自主处理复杂问题。

从定义和使用目的出发，人形机器人是具有与人类似的外观和运动方式的智能机器人。人形机器人（humanoid robots）又称“仿人机器人”，字面意思是模仿人的形态和行为设计制造的机器人。目前对人形机器人没有普遍定义，根据专业书籍 *Humanoid Robots* 归纳，人形机器人应当能“在人工作和居住的环境工作，操作为人设计的工具和设备，与人交流”。在此前提下，人形机器人最终应具有与人类似的身体结构，包括头、躯干和四肢，使用双足行走，用多指手执行各种操作，并具有一定程度的认知和决策智能。

人形机器人的核心技术包括：①伺服控制：高性能伺服驱动器控制，可作为手指及脚的驱动机制，提供精确及可重复的运动，以实现广泛的灵活运动，包括行走、跳舞及俯卧撑；②计算机视觉：使机器人能够识别并认出类似人类视觉的人脸、物体及环境，助其挑选下一次行动、动作或人机交互决策的物体细节的技术；③语音交互：是一种以语音为基础信息载体的综合技术，使机器人能够以类似人类方式与人类互动，集成自动语音识别（ASR）、自然语言处理（NLP）及文字转语音（TTS）等技术；④运动规划及控制：运动规划是指运动任务方法，控制是执行过程。运动规划及控制确保机器人能够准确执行所提供的运动指示，并实现操作、移动及运动等功能。

根据实现能力的不同，人形机器人发展大概经历了 3 个阶段：一是运动控制早期发展阶段，以日本大学和公司为主体研制的 ASIMO 等仿人机器人为代表；二是高动态运动 + 环境感知阶段，以 2015 年波士顿动力发布的 Atlas 为代表；三是具身智能阶段，以大模型智能化为核心驱动。

总的来说，人形机器人集机械、电子、计算机、材料、传感器、控制技术、通信、人工智能、人工心理等多门学科于一体，代表着一个国家的高科技发展水平[①]。由于人形机器人横跨工业机器人、特种机器人和服务机器人，相比其他形态机器人，运动控制、环境感知、智能交互能力及通用性更强，更适应人类各种生产、生活场景和情感需求，有望成为继电脑、智能手机之后的下一代计算终端形态，是机器人产业中极具战略意义的领域。

① 解仑，王志良，李敏嘉．双足步行机器人［M］．北京：机械工业出版社，2017.

二、各国战略部署

世界各国、各地区都在大力发展人形机器人，当前，人形机器人的主要市场集中在北美、欧洲和亚太地区。

（一）美国

美国在机器人方面早有布局。2011 年，美国发布“国家机器人计划”，目标是建立美国在下一代机器人技术及应用方面的领先地位，助力美国制造业回归。2013 年，美国发布《机器人技术路线图：从互联网到机器人》，强调机器人技术在美国制造业和卫生保健领域的重要作用，描绘了机器人技术在创造新市场、新就业岗位和改善人们生活方面的潜力。2017 年，发布“国家机器人计划 2.0”，目标是支持基础研究，加快美国在协作型机器人开发和实际应用方面的进程。2021 年 2 月，美国宣布“国家机器人计划 3.0”（NRI－3.0），以之前的项目为基础，寻求对集成机器人系统的研究，强调全面推进人智合作与协作研究，突出强调改进协作模型和性能指标、培养人智交互信任等内容。此外，美国国防部和“火星探索计划”（Mars Exploration Program）为在国防和太空领域应用的机器人技术提供额外资金。

（二）日本

日本相继出台政策以达成“机器人革命”。日本政府对内阁在 2014 年 6 月通过的“日本振兴战略”进行修订，提出要推动“机器人驱动的新工业革命”。2014 年 9 月，日本成立“机器人革命实现委员会”，集中讨论制定了相关技术进步、监管改革及机器人技术的全球化标准等具体举措。此后，日本相继出台了系列政策，如《机器人白皮书》《机器人新战略》等，将机器人与 IT、大数据、人工智能等技术进行深度融合，推进机器人在制造业、服务业、医疗护理、公共建设等领域的融合创新，旨在使日本成为世界第一的机器人创新中心。2015 年，日本经济产业省发布《日本机器人战略：愿景、战略、行动计划》，旨在达成机器人革命，聚焦人工智能、感知认知、内在机制及刺激行为和控制等核心技术。与此同时，日本政府投入大量资金支持机器人产业发展，在 2022 年提供了超过 9.3 亿美元的支持，重点领域是制造业（7780 万美元）、护理和医疗（5500 万美元）、基础设施（6.432 亿美元）及农业（6620 万美元）。

（三）欧洲

欧洲早期机器人主要应用在汽车制造及零部件制造加工等领域，目前欧盟机器人整体向灵活、个性化定制方向发展。2014 年，欧盟启动全球最大民用机器人项目，到 2020 年投入 28 亿欧元，推进工业机器人关键技术开发，增强欧洲工业智能化竞争力。欧盟第八框架计划（FP8）已经将加强人际交互、人工智能与认知等作为重点研究和创新主题。2016 年，欧洲“地平线 2020”项目公布在机器人领域将资助 21 个新项目，主要涉及医疗、交通、物流、建筑等领域，增强机器人技术的竞争力和领先地位。“地平线欧洲”计划是欧盟的重点研究和创新框架计划，预算达 943 亿美元，为期 7 年（2021—2027 年）。“数字、工业和空间”集群包含与机器人相关的工作计划，将专注于制造和建筑行业的数字化转型、支持工人的自主解决方案、增强认知和人机协作。2021—2022 年欧盟委员会为机器人相关工作计划提供 2.4 亿美元资金。

（四）韩国

2009 年，韩国发布“第一个智能机器人基本计划（2009—2013 年）”；2014 年，韩国发布“第二个智能机器人基本计划”，推动专业领域服务机器人大规模研发项目，加强了对机器人核心部件和服务的投资，同时制定了“七大机器人融合商业战略路线图”。2017 年，发布《机器人基本法案》，旨在确定机器人相关伦理和责任原则、应对机器人和机器人技术发展带来的社会变化、建立机器人和机器人技术的推进体系。2019 年，韩国发布“第三个智能机器人基本计划”，重点领域包括制造业、特定行业的服务机器人、下一代机器人关键组件和关键软件。韩国第一、第二个智能机器人基本计划主要集中在政府主导的支持系统和领域，为机器人工业的成长奠定基础；第三个智能机器人基本计划通过选择和集中前景看好的行业，以及为政府和私营部门分配角色，来促进系统的传播和扩散。2022 年，韩国产业通商资源部发布《2022 年智能机器人实行计划》，拟通过该计划持续对工业和服务机器人进行投资和支持，并放宽限制打造促进机器人产业发展的环境。2022 年，韩国政府将投入 2440 亿韩元（约合 2 亿美元）开展工业及服务机器人研发和普及，《世界机器人报告》显示，韩国 2021 年每 10 000 名员工拥有 1000 台工业机器人，创历史新高，韩国成为全球机器人密度最高的国家。

三、总体发展情况

人形机器人技术发展与产业链构建是科学研究、技术应用、资金、人才等多种因素聚合的结果，论文和专利数据是衡量创新的重要维度。

（一）论文产出

利用 Web of Science 核心合集数据库进行检索（时间限定为 2013—2022 年），得到人形机器人相关文献 29 259 篇。利用 Web of Science 平台及网络分析软件 VOSviewer 对论文数量年度变化趋势、主要国家、主要研究机构、研究方向、关键词等进行计量分析。

1. 论文整体情况

对人形机器人的年度论文数量进行分析（图 7–1），结果显示，该领域论文数量呈逐年上升趋势，国内外对该领域的关注度逐渐提高。2013 年该领域论文数量为 1689 篇，2022 年达到 4214 篇，增长 149.5%，增幅明显。

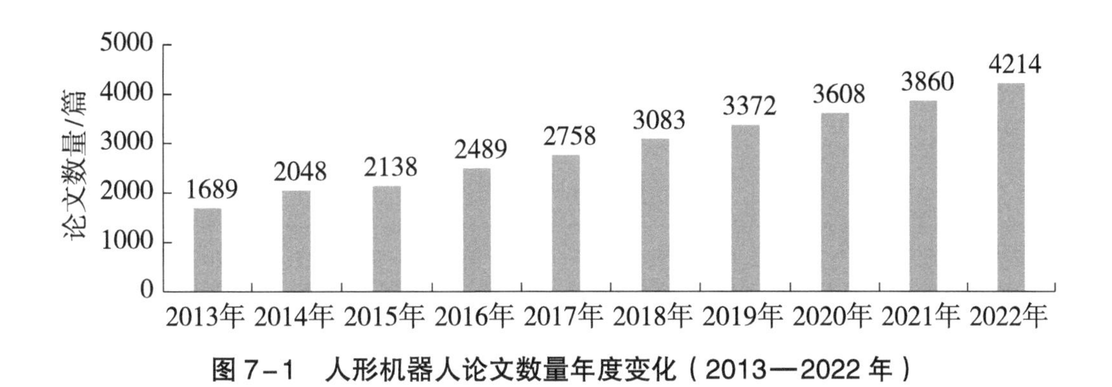

图 7-1　人形机器人论文数量年度变化（2013—2022 年）

2. 论文国家比较

美国和中国是该领域论文数量排名前 2 的国家，分别有 5888 篇和 5595 篇，接着分别为德国（3034 篇）、日本（2982 篇）、意大利（2498 篇）、英国（1934 篇）、法国（1416 篇）、韩国（1114 篇）、西班牙（896 篇）及荷兰（703 篇），分别排第 3～10 位（图 7-2）。

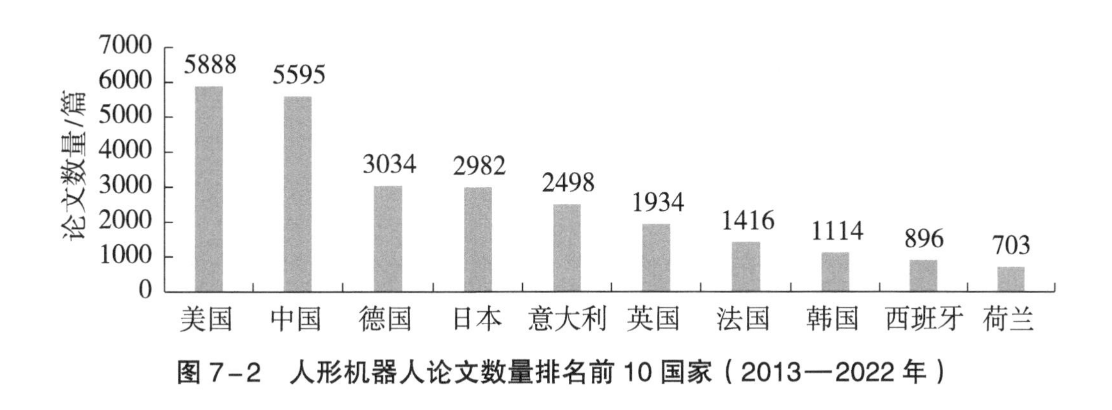

图 7-2　人形机器人论文数量排名前 10 国家（2013—2022 年）

3. 论文机构比较

对人形机器人的主要发文机构进行分析（表 7-1），其中论文数量排名前 10 的机构共发文 4780 篇，约占总论文数量的 16.33%。这 10 家机构中，有 5 家为欧洲机构，2 家机构来自日本，2 家机构来自美国，1 家中国机构。这 10 家机构在人形机器人领域具有一定权威性，一定程度上代表了该领域的科研实力。我国在人形机器人领域进入全球论文数量前 10 的机构是中国科学院，论文数量为 738 篇，位列第 2。

表 7–1　人形机器人论文数量排名前 10 机构

序号	机构	论文数量 / 篇
1	意大利技术研究院	766
2	中国科学院	738
3	法国国家科学研究中心	728
4	慕尼黑工业大学	402
5	东京大学	383
6	苏黎世联邦理工学院	368
7	亥姆霍兹联合会	366
8	大阪大学	363
9	卡内基梅隆大学	339
10	麻省理工学院	327

4. 高被引论文所属国家

从高被引论文所属国家排名上看，中国、美国分别居第 1、第 2 位，领先于其他国家（图 7–3）。其中，中国高被引论文数量为 84 篇，美国为 68 篇，英国居第 3 位、为 21 篇，之后分别是意大利（16 篇）、新加坡（15 篇）、德国（11 篇）、韩国（9 篇）、法国（8 篇）、荷兰（8 篇）、瑞典（6 篇）。

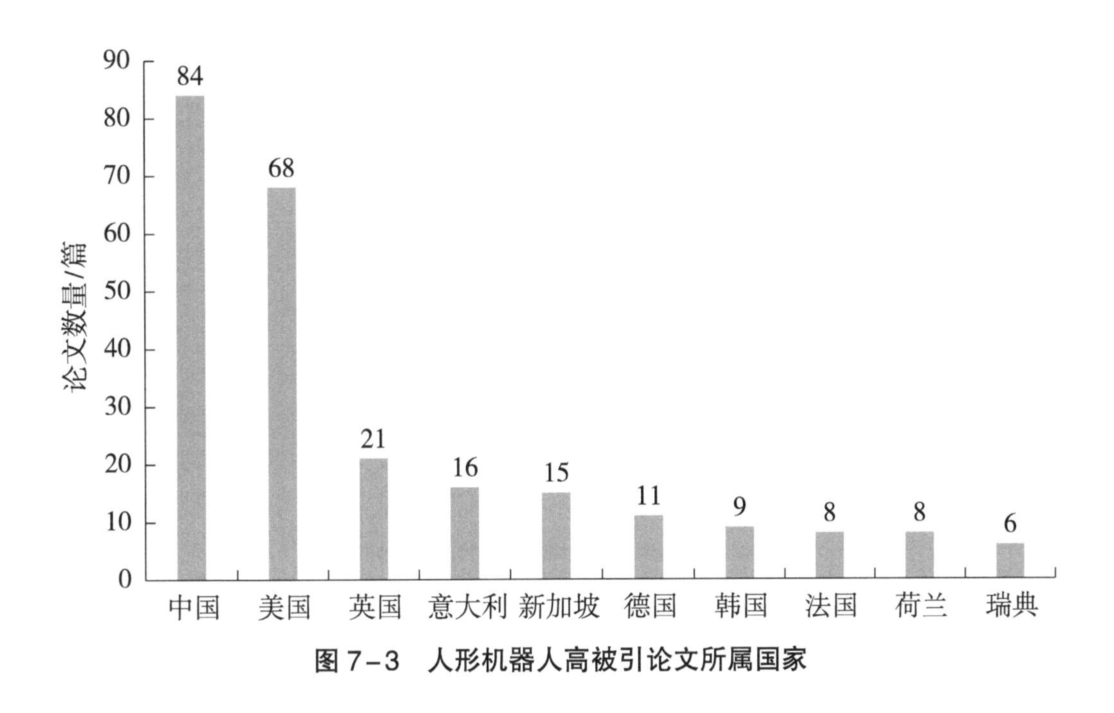

图 7-3　人形机器人高被引论文所属国家

5. 研究方向分析

在人形机器人研究方向方面，论文数量最多的 10 个研究方向如图 7-4 所示，最多的为机器人学，有 2068 篇，在该方向下综述论文占 36 篇，包括人机交互、社交机器人、机器人触觉传感器设计、机器人自主控制与智能化等方面的研究；其次是计算机科学，有 1335 篇，在该研究方向下，综述论文占 39 篇，包括机器人学习与自适应算法、目标检测与识别算法、脑机接口技术、共享控制技术等方面的研究，说明在这些方面研究人员关注较多。

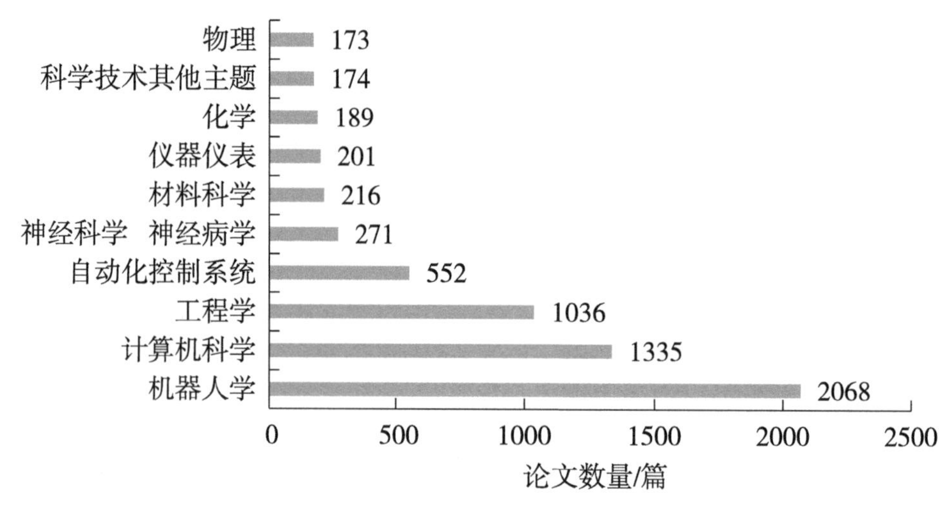

图 7-4 人形机器人排名前 10 的研究方向

6. 关键词共现分析

利用 VOSviewer 软件中的关键词共现分析功能，将关键词最低共现次数设置为 8 次，勾选掉重复或者意义不大的关键词后（humanoid robots、humanoid robot、humanoid、robots），得到 265 个关键词，人机交互（human-robot interaction）出现次数最多（244 次），其次为机器人学（robotics）、腿运动（legged locomation）、双足机器人（biped robot）、足式机器人（legged robot）。

（二）专利产出

对人形机器人国内外相关专利信息进行调研，共得到 4142 条检索结果，经人工清洗后进行后续分析。

1. 专利申请趋势

从专利申请数量的变化来看，近 10 年人形机器人专利申请数量总体而言快速增多，其中，2013—2016 年该领域专利申请数量增长迅猛，技术发展速度较快；2016—2019 年，该领域的专利申请数量波动增长且增速减缓，在 2019 年达到峰值 461 件；2020 年专利申请数量略有降低，但于次年回升，并保持增长态势。从专利授权数量的变化来看，2013—2017 年，该领域专利授权数量快速增多，在 2017 年达到了首个峰值 299 件；2018 年和 2019 年有所减少，但在 2020 年再次增多，并突破 300 件，其后则保持逐年增长态势（图 7-5）。

图 7-5　人形机器人专利申请与授权数量趋势（2013—2022 年）

2. 技术来源地分布

将专利申请人国别作为统计对象，对近 10 年人形机器人排名前 10 的技术来源地进行了专利申请数量统计，排名前 10 的依次是中国、美国、韩国、日本、印度、法国、德国、意大利、俄罗斯，以及泰国。其中，我国的专利申请数量最多，有 2857 件，占全球总量的 80.10%；排名第二的是美国，有相关申请专利 130 件，占全球总量的 3.64%；排名第三、第四的是韩国与日本，分别有相关申请专利 122 件、113 件，占全球总量的 3.42%、3.17%（图 7-6）。

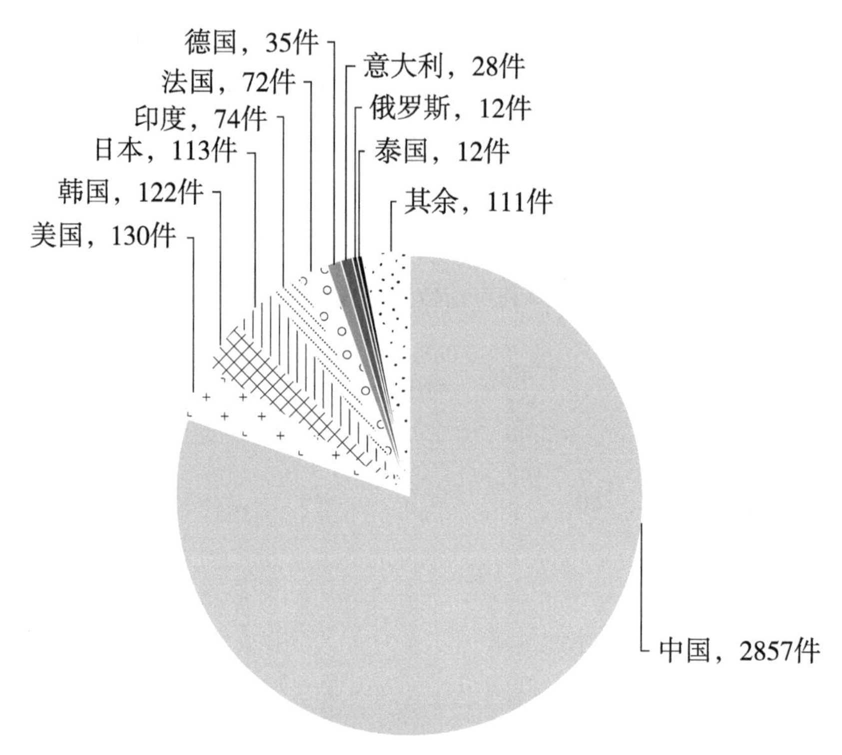

图 7-6　人形机器人主要技术来源地（2013—2022 年）

3. 技术目标地分布

在某个国家或地区的专利申请公开量可以直接反映该国家/地区在全球市场中的地位。对人形机器人专利申请公开的区域进行分析，排名前 10 的国家/区域性组织依次为中国、美国、韩国、日本、印度、世界知识产权组织（WIPO）、德国、俄罗斯、新加坡，以及欧洲专利局（EPO）。向这些国家及区域性组织提交的专利申请数量占到全球范围内提交的专利申请总量的 96.10%，其中，在我国申请公开的专利数量占全球专利申请总量的 79.17%，可见我国是人形机器人最主要的技术目标市场（图 7-7）。

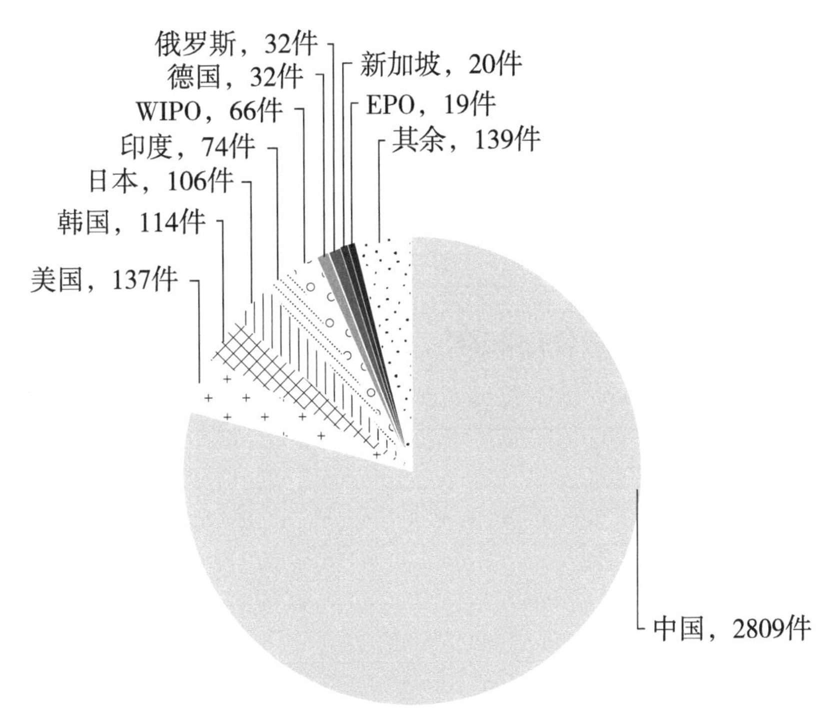

图 7-7 人形机器人主要技术目标地（2013—2022 年）

4. 重要专利申请人分析

在人形机器人专利申请数量排名前 10 的机构中，企业与高校各占 5 席（表 7-2），我国在该领域专利研发主力主要为北京理工大学、清华大学等几所高校，另有一家企业为深圳市优必选科技股份有限公司。专利申请数量排名第一的是 Softbank Robotics Europe（软银机器人欧洲公司），该公司是一家集人工智能机器人技术开发与产品销售为一体的公司，旨在为各行各业传递优秀机器人解决方案。Aldebaran Robotics 成立于 2005 年，前身为 SoftBank Robotics Europe，是人形机器人的领导者，目前有超过 4 万个社交和互动机器人分布在全球 70 多个国家，涉及零售、旅游、健康和教育等各个领域。

表 7-2　人形机器人重要专利申请人

序号	专利申请人	专利申请数量/件
1	Softbank Robotics Europe	326
2	Aldebaran Robotics	140
3	北京理工大学	128
4	深圳市优必选科技股份有限公司	99
5	清华大学	78
6	常州大学	76
7	浙江大学	73
8	哈尔滨工业大学	63
9	Honda Motor Co Ltd	51
10	Samsung Electronics Co Ltd	43

5. 主要国际专利分类

从专利分类号角度看，人形机器人专利主要集中在B部（作业；运输），其次是G部（物理）。从IPC小类来看，B25J（机械手；装有操纵装置的容器）的专利数量最多，有2780件，其次为B62D（机动车；挂车）、G06F（电数字数据处理）及G05B（一般的控制或调节系统；这种系统的功能单元；用于这种系统或单元的监视或测试装置）（表7-3）。

表 7-3　人形机器人专利 IPC 分布

IPC 小类	专利数量/件	分类号解释
B25J	2780	机械手；装有操纵装置的容器
B62D	547	机动车；挂车
G06F	244	电数字数据处理

续表

IPC 小类	专利数量/件	分类号解释
G05B	176	一般的控制或调节系统；这种系统的功能单元；用于这种系统或单元的监视或测试装置
G05D	170	非电变量的控制或调节系统
G06N	151	基于特定计算模型的计算机系统
A63H	135	玩具，如陀螺、玩偶、滚铁环、积木
G10L	122	语音分析或合成；语音识别；语音或声音处理；语音或音频编码或解码
A61F	58	可植入血管内的滤器；假体；为人体管状结构提供开口或防止其塌陷的装置；整形外科、护理或避孕装置；热敷；眼或耳的治疗或保护；绷带、敷料或吸收垫；急救箱
G06T	58	一般的图像数据处理或产生

四、全球研究进展

人形机器人的发展过程，也是其技术和产业链不断完善和壮大的过程。人形机器人集成人工智能、高端制造、新材料等先进技术，有望成为继计算机、智能手机、新能源汽车后的颠覆性产品。

关键技术得到进步，如环境感知传感器与信号处理、智能控制、本体设计及材料工艺、能源优化、人机交互等。在环境感知方面，美国研究人员提出了一种控制管道，该管道验证了线性策略足以在具有挑战性的地形上生成稳健的双足行走。在智能控制方面，中美研究人员共同提出一种用于双足机器人鲁棒参数化运动控制的强化学习。2022 年 9 月，美国密歇根大学研究人员受研究几何空间对称结构的数学工具的启发，提出状态估计器及控制方法为机器人算法的问题和通用化提供了新的解决方案。在机器人本体设计及材料工艺方面，俄罗斯 Promobot 公司开发“以假乱真”机器人，研制出“活生生”的眼睛、柔软的皮肤和头发，通过创建该界面实现人类在情绪、情商层面与人形机器人沟通，以便进行面部和表情识别。在人机交互方面，美国加利福尼亚大学的研究团队成功研发了一种双臂机器人，具备两个夹具，能够熟练解开纠缠在一起的电线，展现出高度的操作灵活性和解决问题的能力，有望用于自动化维修和解决电线纠缠等任务。

人工智能赋能人形机器人，人机交互能力得到大幅提升。中国研究人员提出一种基于视觉和力传感信息融合的框架，用于人－机器人协作任务，使机器人能够主动跟随人类伙伴，减小控制难度。美国斯坦福大学研究人员开发出名为 OceanOneK 的人形潜水机器人。在人的远程操控下，人形机器人可以以最接近真人潜水的方式在水下 1600 米处进行探索，最大限度地实现了人机交互。美国人形机器人初创公司 Figure AI 发布首个 OpenAI 大模型加持的人形机器人演示视频，机器人 Figure 01 可以听懂人类的命令和提问，动作流畅且有逻辑，表明该机器人已经具备一定的智能水平。

人形机器人反向促进人工智能发展。随着生成式 AI，特别是 GPT 模型的兴起，人形机器人的认知能力有望迎来巨大的飞跃，机器人将更加智能，能够更好地理解和应对复杂的环境和任务。将人工智能技术，特别是大模型技术应用到人形机器人上，可以使机器人快速具备理解与推理能力，并能让人直接口头指挥机器人。同时，借助人形机器人载体，人工智能也不再只是根据已有数据和资料学习，而是在复杂、真实、鲜活的现实世界里学。也就是说，在人工智能赋能人形机器人发展过程中，人形机器人也将反过来促进人工智能技术在语音识别、人脸识别、自然语言处理、机器视觉等领域的发展，并助力于更精细的人机协作、机械结构和运动控制技术的出现。

使用场景不断丰富。近年来各类人形机器人产品陆续推出，功能与应用场景各有不同。例如，波士顿动力专注于强化“运动智能”的能力，2018 年发布的最新版机器人已经可以实现左右脚交替三连跳 40 厘米台阶，2021 年完成高难度跑酷动作；Agility Robotics 发明了具有移动性和操纵能力的类人机器人 Digit，是世界上第一款销售的两足机器人；优必选以制造家用智能机器人为愿景，在 2021 年发布的 Walker X 是全球第一款可商业化的大型仿人服务机器人；Engineered Arts 关注于制造人形娱乐机器人，CES2022 登台亮相的 Ameca 被称为“机器人的未来面孔”。挪威人形机器人公司 1X Technologies 的人形机器人已经实现量产并在安保领域实现应用，其中 EVE 人形机器人于 2022 年向 ADT Commercial 交付 140 台机器人，应用于夜间巡逻工作。2022 年 10 月，特斯拉推出擎天柱 Optimus 人形机器人，具备类似人类的双手，能够执行一些简单的任务，如在汽车工厂搬运、给植物浇水等。俄罗斯联邦航天局发布首个新一代人形机器人 Teledroid 的预生产原型，该机器人可以在恶劣的太空环境中作为遥操作器（复制操作者的动作）使用，也可以在自动模式下进行常规操作的实验测试（表 7–4）。

当前阶段，人形机器人并未成熟产业化，仍以研发为主。人形机器人技术实现难度大、制造成本高，目前各机构主要将其定位为基础研究平台，部分机构从特定功能需求出发进行开发，如搜救、公共导览、居家服务、物流搬运等，以寻求一定程度的落地。整体而言，人形机器人赛道处于相当早期的阶段。

五、发展趋势

人形机器人有望迎来加速发展。以新能源汽车由政策驱动、资本驱动逐渐转为技术驱动、需求驱动为鉴，当前，人形机器人技术及产业仍处于发展初期，随着政策出台与资本配套，有望迎来加速发展。

大模型加速赋能，人形机器人发展速度与逻辑将被改变。在以

表 7-4 典型人形机器人参数梳理

型号	发布时间	发布厂商	适用场景	高度	重量	速度	成本	价格	自由度
Pepper	2015 年	日本软银集团	商业与教育领域	120 cm	28 kg	3 km/h	NA	3 万美元	20
Sophia	2016 年	Hanson Robotics	研究、教育和娱乐	167 cm	20 kg	NA	NA	NA	83
Atlas	2016 年	Boston Dynamics	研发平台	150 cm	80 kg	5.4 km/h	NA	NA	28
Mercury	2018 年	Meka Robotics、UT Asutin、Apptronik	研发平台	150 cm	22 kg	4 km/h	15 万美元	NA	6
Stuntronics	2018 年	Walt Disney Imagineering	电子动画特技替身	175 cm	40 kg	NA	NA	NA	10
HRP-5P	2018 年	AIST	建筑与大型工程	182 cm	101 kg	NA	NA	不超过 6 位数	37
Walker	2018 年	优必选	家庭与办公场景	130 cm	63 kg	NA	NA	NA	41
Digit	2019 年	Agility Robotics	仓库、商店、快递公司	155 cm	42.2 kg	NA	NA	25 万美元	16
Ameca	2021 年	Engineered arts	娱乐或展示中心	187 cm	49 kg	NA	NA	13.3 万美元	51
Optimus	2022 年	Tesla	车载、辅助驾驶、制造协助	173 cm	57 kg	8 km/h	NA	2 万美元	28

ChatGPT 为代表的大模型驱动下，人形机器人在环境感知、智能交互等领域正在实现显著突破。大模型提升机器人的视觉、语言、文本、触觉等多模态感知能力，使机器人对人的意图和环境的理解产生跨越式质变，对决策和行动的控制能力更加自主和灵巧精细，加速人形机器人通用化和智能化进程。由于物理身体的一致性，人形机器人具身智能的学习和感知将与人类存在更多相同。多模态大模型有助于人形机器人更加自然、准确地理解人类情感，更好地适应人类需求，在人口老龄化加速、对精神陪伴和物力陪护需求日益增加的背景下有稀缺价值。同时 AI 智能模型可以挖掘其他行业的数据集，加速更多有价值的商业化场景应用落地。

多家企业纷纷布局，产品迭代加速，技术路线差异较大。当前，全球有多家企业相继布局人形机器人，技术路线差异较大，其中，以本田 ASIMO 为代表的早期机器人由于成本高昂及受系统智能水平限制，未能实现量产，而以波士顿动力为代表的液压技术路线虽然整体运动能力强、迭代速度较快，但设计复杂、成本高昂，至今未能成熟商业化落地；在类人路线上，英国 Ameca 人形机器人可以实现人类面部表情的高度模仿，但运动能力有限；在通用人形机器人方面，以特斯拉为代表的技术路线有望短期内实现量产。

产业发展空间大，逐步进入商业化阶段。随着人形机器人的硬件、智能等技术快速发展，人形机器人产业处于螺旋上升发展之中。减速器、伺服器、传感器等关键环节产业相对完备、成熟，一旦大规模量产将会大大降低制造成本。与此同时，随着生产自动化、人口老龄化、劳动力短缺等问题凸显，生产端和消费端市场对人形机器人的需求将持续增加。由于企业市场对价格的承受能力更高、价值创造更直接、应用场景更垂直简单，人形机器人将率先在工业及服务业完成普及、迭代，然后再向家庭和个人市场普及。高盛在 2022 年 11 月预测，未来 10～15 年，人形机器人市场至少达 60 亿美元，甚至在最理想的情况下（产品设计、用例、技术、可负担性和公共接受度等障碍被克服），2035 年人形机器人市场或将达到 1540 亿美元。此外，Markets and Markets 预测人形机器人市场规模将从 2023 年的 18 亿美元增长到 2028 年的 138 亿美元；国际机器人协会预测，2021—2030 年，全球人形机器人市场规模年均复合增长率将高达 71%，2030 年将达到千亿元规模。

（执笔人：尹志欣）

第八章　增材制造技术

增材制造技术实现了制造方式从等材、减材到增材的重大转变，改变了传统制造的理念和模式，对传统工艺流程、生产线、共产模式、产业链组合产生深刻影响。增材制造技术具有低成本、短周期、数字化、智能化等优势，被认为是先进制造领域代表性的颠覆性技术，已成为全球制造业发展的共识。

一、技术概述

增材制造的概念比较丰富，曾被称为“材料累加制造”（material increase manufacturing）、“快速原型”（rapid prototyping）、“分层制造”（layered manufacturing）、“实体自由制造”（solid freeform fabrication）、“3D 打印技术”（3D Printing）等。2009 年，在美国材料与试验协会（American Society for Testing and Materials，ASTM）框架内成立的增材制造技术委员会 F42，决定采用“增材制造”取代“快速原型”提法，以更全面地涵盖这类制造方法。按照 ASTM 的定义，增材制造是基于三维数字模型，采用与传统减材制造技术完全相反的逐层叠加材料的方式，直接制造与数字模型完全一致的三维物理实体的制造方法。另外，麻省理工学院于 1995 年提出的“3D 打印”这一通俗形象的表达也获得了广泛认可与传播。

增材制造从原理上突破复杂异型构件的技术瓶颈，实现材料微观组织与宏观结构的可控成型，实现设计引导制造、功能性优先设计、拓扑优先设计的转变。按照应用领域来分，可分为消费级增材制造、工业级增材制造；按照原材料来分，可分为金属材料增材制造、非金属材料增材制造；按照技术原理来分，可分为选择性激光融化成型、电子束熔化技术、熔融沉积式成型、立体平版印刷、数字光处理、三维打印技术及细胞绘图打印等。

增材制造作为新兴的制造技术，完全改变了产品的设计制造过程，被视为诸多领域科技创新的“加速器”和支撑制造业创新发展的关键基础技术，驱动定制化、个性化、分布式生产制造模式更新，成为现今制造领域发展最快的技术方向之一。随着下游应用领域的不断拓展，增材制造助推航空、航天、能源、汽车、生物医疗等领域核心制造技术的突破和跨越式发展。

二、主要国家和地区战略部署

当前，全球增材制造产业基本形成了美欧等发达国家和地区主导，亚洲国家和地区后起追赶的发展态势。为了抢占增材制造这一技术及产业发展的制高点，主要国家和地区都制定了相关发展战略、规划及政策。

（一）美国

美国是增材制造技术全球重要的推动者之一，率先在国家层面制定了各项战略、政策和推动措施。

2009 年，美国总统办公室连续发布 2 项增材制造战略计划，并在《重振美国制造业框架》中明确将增材制造技术作为重振美国制造业领先地位的支柱技术之一。2012 年 2 月，美国国家科学技术委员会发布《先进制造国家战略计划》，提出要加强增材制造、纳米技术、机器人、智能制造等平台技术，强化美国工业基础。同年 8 月，国家增材制造创新研究所（National Additive Manufacturing Innovation Institute，NAMII）成立，并于 2013 年更名为“美国制造（America Makes）”。2016 年 3 月，美国应用研究实验室、宾夕法尼亚州立大学联合发布了《下一代增材制造材料战略路线图》，为未来 10 年建设必要的增材制造基础知识、加快增材制造材料设计与应用提供了战略指引。2018 年 6 月，美国国家标准学会（ANSI）和“美国制造”联合发布《增材制造标准化路线图》，围绕设计、工艺与材料、资格与认证、无损检测、维护等 5 个主题领域，确定了 93 项标准差距及其优先等级。2021 年 1 月，美国国防部负责研究和工程的副部长办公室［OUSD（R&E）］战略技术保护与开发（STP&E）办公室下的国防部长办公室制造技术（OSD ManTech）项目办公室发布首份综合《增材制造战略》报告。报告明确了增材制造的未来发展愿景、战略目标和发展重点，将增材制造视为实现国防系统创新和现代化、支撑战备保障的强有力工具，致力于使增材制造成为广泛引用的主流制造技术。2021 年 5 月，美国白宫发布《国家就业计划》，拨款 2 亿美元进行增材制造教学与培训发展计划，用以开发全新或扩大现有培训，拨款 1 亿美元进行增材制造教育补助计划，旨在支持学生及在职人员在增材制造领域的技能学习以创建多元化的劳动力队伍。2021 年 6 月，美国国防部发布《增材制造在国防部的应用》，针对增材制造在国防部的实施和应用制定政策、明确职责、编制规程与指南。2022 年 5 月，美国宣布实施“增材制造发展计划”（AM Forward），旨在发动国家力量支持中小型企业发展增材制造及其技术，促进大型制造商采用增材制造部件提高供应链弹性和安全，减少对国际供应商的依赖。2022 年 10 月 7 日，美国科技政策办公室（OSTP）发布了最新版的《先进制造业国家战略（NSAM）》，其中有 21 次提及增材制造。在美国国家科学技术委员会（NSTC）发布的 2020 年版、2022 年版《关键和新兴技术（CETs）清单》中，均把增材制造列为具体关键技术。

（二）欧盟

欧盟及其成员国注重发展增材制造技术，产业发展和技术应用也走在世界前列。

在欧盟第七框架计划的资助下，通过“3D 打印标准化支持行动（SASAM）”项目于 2015 年 6 月发布“3D 打印标准化技术路线图”。2017 年，欧洲机床工业协会（CECIMO）发布《欧洲增材制造战略》，指出欧洲应该重点关注一些领域，以获得增材制造技术优势，包括技能和教育、知识产权、标准化和融资。2020 年，欧洲专利局发布增材制造技术趋势报告，分析增材制造技术专利申请趋势、领军企业和地域分布情况。在欧洲“地平线 2020”计划框架下，增材制造研究项目得到支持，并且一些用于商业应用的增材制造项目也将纳入计划。2021 年，在欧盟资助下，增材制造行业技能战略联盟发布《欧洲增材制造技能路线图》（2021 年），明确了 2030 年前的应用需求及技术挑战，从消除增材制造技术差距的角度提出了目标和举措。2022 年 12 月，欧盟“先进材料 2030”计划正式发布《材料 2030 路线图》，提出了 9 个材料创新市场和 5 个共同优先发展领域，包括增材制造等。

德国在金属增材制造技术创新应用方面走在世界前列。2008 年德国成立增材制造研究中心（DMRC）；2010 年，德国联邦政府发布《高技术战略 2020》，提出打造新型智能制造模式，以保持自身制造业在全球的竞争力优势。2013 年，德国以机械及制造商协会为首的一批机构共同创立了“工业 4.0 平台”，并提交工作报告《保障德国制造业的未来——关于实施工业 4.0 战略的建议》，报告中明确表示“将大力研发、创新激光增材制造等新兴先进技术”。2019 年，德国经济和能源部发布草案《国家工业战略 2030》，其中增材制造技术被多个领域列为核心技术。

（三）英国

英国高度重视增材制造技术的发展与应用，基于军事航空工业方面的基础和能力，英国重点推进增材制造技术在航空航天领域应用持续深化。英国在《未来高附加值制造技术展望》报告中把增材制造技术作为提升国家竞争力、应对未来挑战亟须发展的 22 项先进技术之一，且自 2011 年开始持续增加增材制造技术的研发经费，多所大学参与该技术的研发。在英国技术战略委员会的推动下，英国政府计划在2007—2016年，投入9500万英镑的公共和私人基金用于3D打印合作研发项目，其中绝大多数项目为纯研发项目（仅2500万英镑用于成果转化）。

2014年，英国政府宣布将向航空工业研究计划投入1.54亿英镑，包括轻量化飞机金属部件增材制造研究，以确保英国在航空创新方面的稳定地位。

2016年2月，“创新英国”（Innovate UK）发布《英国增材制造研究和创新概况》，旨在通过调研英国增材制造研究和创新概况，分析英国增材制造研究与创新上的优势和不足，并据此提出政策建议。2017年，AM-UK提出了“走向增材制造商业化前沿”的国家战略。这份文件提出几项建议，包括明确数字制造相关的许可证、支付方式、设计和合作，以及建立专家用户组和一个国家联络点组织。同年，英国制造技术中心（Manufacturing Technology Centre，MTC）与欧洲航天局（European Space Agency，ESA）共建ESA增材制造基准中心（Additive Manufacturing Benchmark Center，AMBC），联合开展空间增材制造问题研究。2018年6月，英国制造技术中心启动航空航天数字化可重构增材制造计划，到2019年11月，完整的试用设施在国家增材制造中心（National Center for Additive Manufacturing，NCAM）投入运营，以确保增材制造零部件的生产，到2020年可满足英国整个航空航天供应链的产品需求。

2012年9月—2022年9月，英国在增材制造研发上投入1.15亿英镑，其中半数左右来自英国工程与自然科学研究理事会（Engineering and Physical Sciences Research Council，EPSRC）和产业界。欧盟第七框架计划（FP7）、Innovate UK、高校、国防科学与技术实验室（Defence Science Technology Laboratory，DSTL）等也是研发资助的重要来源。从研发投入的行业分布来看，主要集中在使能技术、航空航天、医疗、材料、教育、汽车、能源、电子和国防等领域，其中使能技术的投入达到4700万英镑，约占总投入的40%。

（四）其他国家

日本政府 2014 年部署以三维成型技术为核心的制造计划，开展新一代工业 3D 打印机技术和超精密三维成型系统技术开发。

近年来，韩国先后出台了一系列政策措施，以支持生物医疗增材制造创新发展。2015 年，韩国增材制造市场领军企业 Rokit 获 300 万美元政府补助进军生物增材制造领域，与韩国科学技术院、首尔大学医院、汉阳大学及韩国机械与材料研究所等机构联合开展人体皮肤组织生物打印技术研究及设备开发。2016 年 7 月，韩国政府宣布降低对增材制造等高新技术产业的研发税，为中小企业减免税额高达 30%，打造“新的经济增长引擎”。2017 年 5 月，韩国政府宣布将开展增材制造医疗器械的快速认证，以尽快为患者提供创新设备。2018 年 2 月，韩国科学、信息和通信技术与未来规划部宣布投入 3700 万美元开发和扩大增材制造技术，发展增材制造在企业、军队和医疗领域的应用。在系列政策措施的引导和支持下，增材制造技术在生物医疗领域的应用不断升温，已为临床诊疗、医疗操作等提供了新的解决方案。目前，韩国市场规模以年均 24% 的速度增长，预计 2025 年将达到 1 万亿韩元。

俄罗斯政府于 2021 年 7 月发布《俄罗斯联邦至 2030 年增材制造发展战略》，聚焦生物组织、航空航天和核工业高精度产品等领域，旨在通过开发科技成果和人才的潜力、优化生产能力、完成现代化和技术改造、创造新的技术和技术方向、掌握重要的工业增材制造技术及完善法律法规，满足国家和其他客户在现代增材制造产品方面的需求，形成有竞争力的增材制造产业。

中国高度重视增材制造产业发展，陆续出台多个政策规划，如《国家增材制造产业发展推进计划（2015—2016 年）》《增材制造产业发展行动计划（2017—2020 年）》等，从战略规划、产业体系、技术创新、行业标准等方面对增材制造产业进行政策推动与规范，支持各类创新主体取得基础研究、关键共性技术、关键设备与零部件、应用规范等重大突破。

三、总体发展情况

（一）论文产出

利用 Web of Science 核心合集数据库进行检索（时间限定为 2013—2022 年），得到增材制造相关文献 97 618 篇。利用 Web of Science 平台及网络分析软件 VOSviewer 对论文数量年度变化趋势、主要国家、主要研究机构、研究方向等进行计量分析。

1. 论文整体情况

对增材制造的年度论文数量进行分析（图 8–1），结果显示，该领域论文数量呈逐年上升趋势，国内外对该领域的关注度逐渐提高。2013 年该领域论文数量仅为 1243 篇，到 2022 年达到 20 385 篇，增长了 15.4 倍，增幅明显。

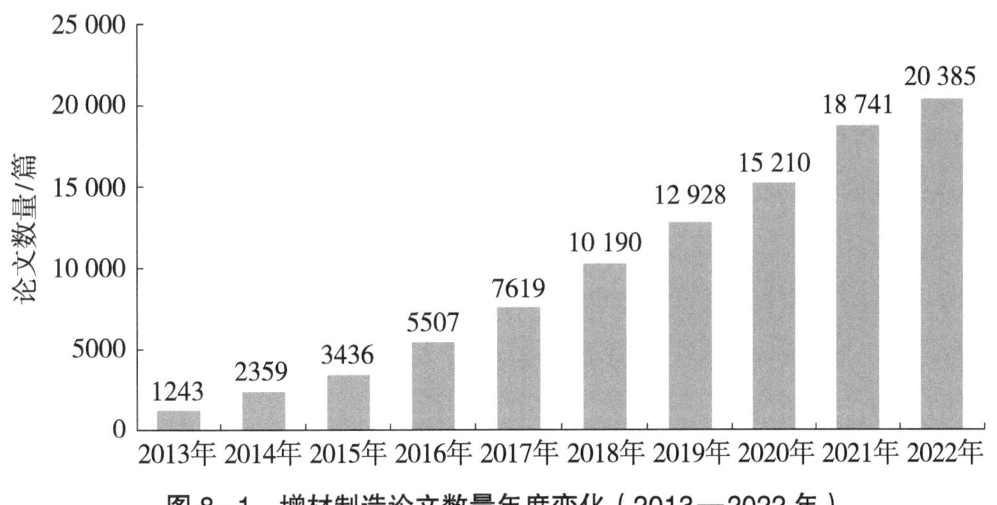

图 8–1　增材制造论文数量年度变化（2013—2022 年）

2. 论文国家比较

在增材制造领域中，论文数量排名前 10 国家的总论文数量为 82 026 篇，占近 10 年论文总量的 84.0%，美国和中国是排名前 2 的国家，分别有 23 501 篇和 20 830 篇，共占近 10 年论文总量的 45.4%。接着分别为德国（7669 篇）、英国（6163 篇）、意大利（4795 篇）、印度（4520 篇）、韩国（4122 篇）、澳大利亚（3812 篇）、法国（3383 篇）及加拿大（3231 篇），分别排第 3 ～ 10 位（图 8-2）。

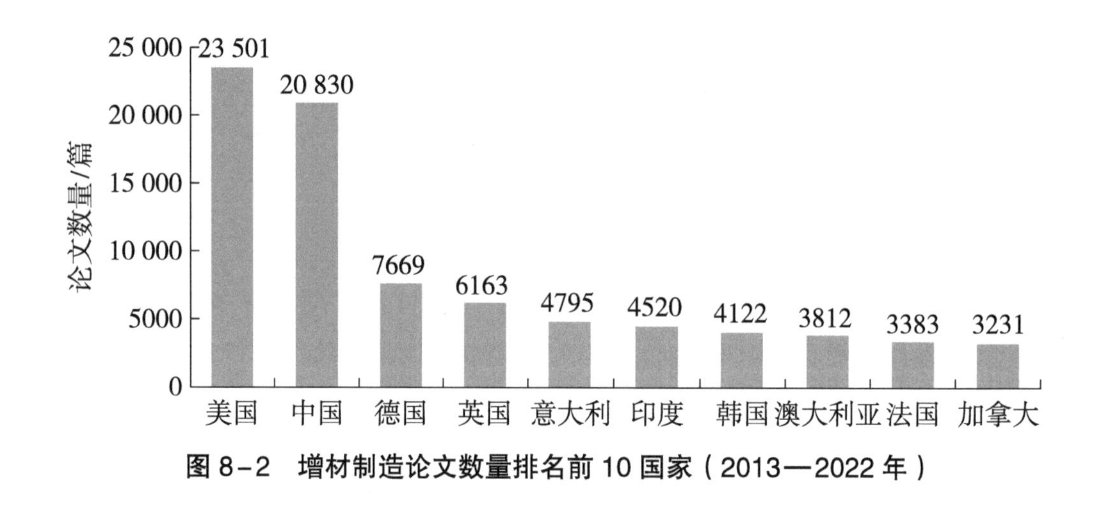

图 8-2　增材制造论文数量排名前 10 国家（2013—2022 年）

3. 论文机构比较

对增材制造的主要发文机构进行分析（表 8-1），其中论文数量排名前 10 的机构共发文 11 909 篇，约占总论文数量的 12.2%。这 10 家机构中，有 5 家来自中国，2 家来自美国，其余 3 家分别来自法国、新加坡和俄罗斯。这 10 家机构在增材制造领域具有一定权威性，一定程度上代表了该领域的科研实力。中国科学院在增材制造领域进入全球论文数量前 10，论文数量为 1873 篇，位列第 1。

表 8-1　增材制造论文数量排名前 10 机构（2013—2022 年）

序号	机构	论文数量 / 篇
1	中国科学院	1873
2	法国国家科学研究中心	1827
3	美国能源部	1816

续表

序号	机构	论文数量 / 篇
4	南洋理工大学	1202
5	华中科技大学	953
6	俄罗斯科学院	908
7	上海交通大学	887
8	清华大学	868
9	西安交通大学	792
10	佐治亚理工学院	783

4. 高被引论文所属国家

从高被引论文所属国家排名上看，美国、中国分别居第 1、第 2 位，领先于其他国家（图 8-3）。其中，美国高被引论文数量为 443 篇，中国为 393 篇，英国居第 3 位，为 186 篇，之后分别是澳大利亚（123 篇）、德国（106 篇）、新加坡（101 篇）、意大利（63 篇）、加拿大（57 篇）、法国（54 篇）、西班牙（52 篇）。

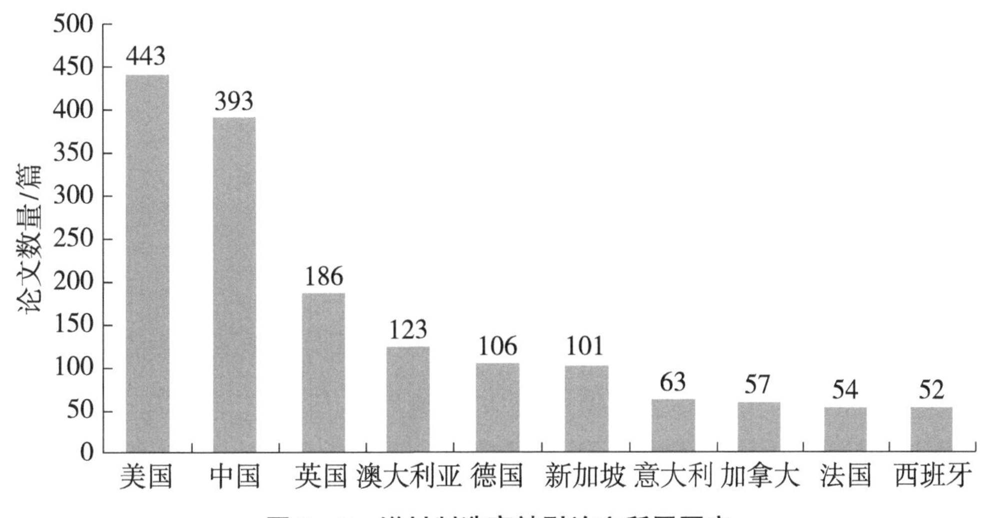

图 8-3　增材制造高被引论文所属国家

5. 研究方向分析

增材制造排名前 10 的研究方向如图 8-4 所示，该领域相关研究分布极为广泛，相关研究发表在化学、材料、物理、医学、工程、计算机等多个方向。论文数量最多的研究方向为材料科学-多学科，包含 30 432 篇研究论文，该研究方向下有 563 篇高被引论文，其中包含 10 篇热点论文，内容涵盖了本领域材料、建模、成型技术，以及在医药卫生、航空航天等方面的具体应用。

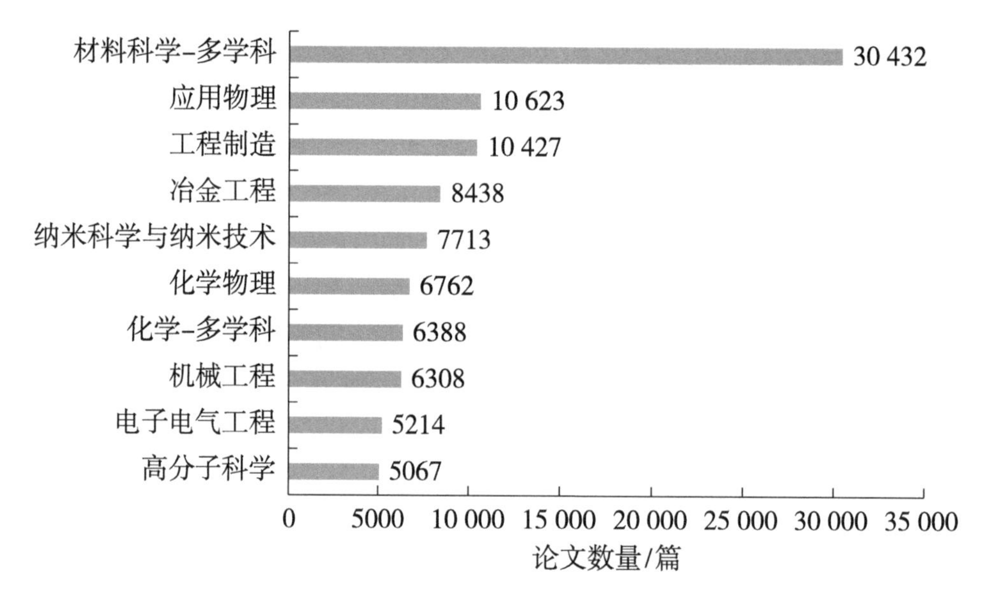

图 8-4 增材制造排名前 10 的研究方向

（二）专利产出

以 incoPat 专利数据库为数据来源，以增材制造为主题，采用关键词与 IPC 分类号进行组合检索，经数据去重、清洗、降噪及领域专家判读，共筛选出 2013—2022 年增材制造相关申请专利 171 174 件，专利族 129 387 项（简单同族合并）。由于专利公开的迟滞性，截至检索日，2022 年的部分专利数量统计不全。

1. 专利申请趋势

从专利申请数量的变化来看，近 10 年总体而言增材制造的专利申请数量快速增多，其中，2013—2017 年该领域专利申请数量增长迅猛，技术发展速度较快；2017—2020 年，该领域的专利申请数量增速减缓，在 2020 年达到峰值 18 578 件；2021 年专利申请数量略有降低，但依旧保持在 18 500 件以上。从专利授权数量的变化来看，2013—2022 年，全球增材制造专利授权数量呈快速增长态势，从 2013 年的 181 件到 2020 年突破 10 000 件，并在 2021 年达到峰值 16 536 件（图 8-5）。

图 8-5　增材制造专利申请与授权数量趋势（2013—2022 年）

2. 技术来源地分布

将专利申请人国别作为统计对象，对近 10 年增材制造排名前 10 的技术来源地进行了专利申请数量统计，排名前 10 的依次是中国、美国、日本、德国、韩国、法国、英国、印度、俄罗斯及意大利（图 8-6）。其中，我国的专利申请数量最多，有 76 260 件，占全球总量的 58.94%；排名第二的是美国，有相关申请专利 20 852 件，占全球总量的 16.12%；排名第三的是日本，有相关申请专利 7664 件，占全球总量的 5.92%。

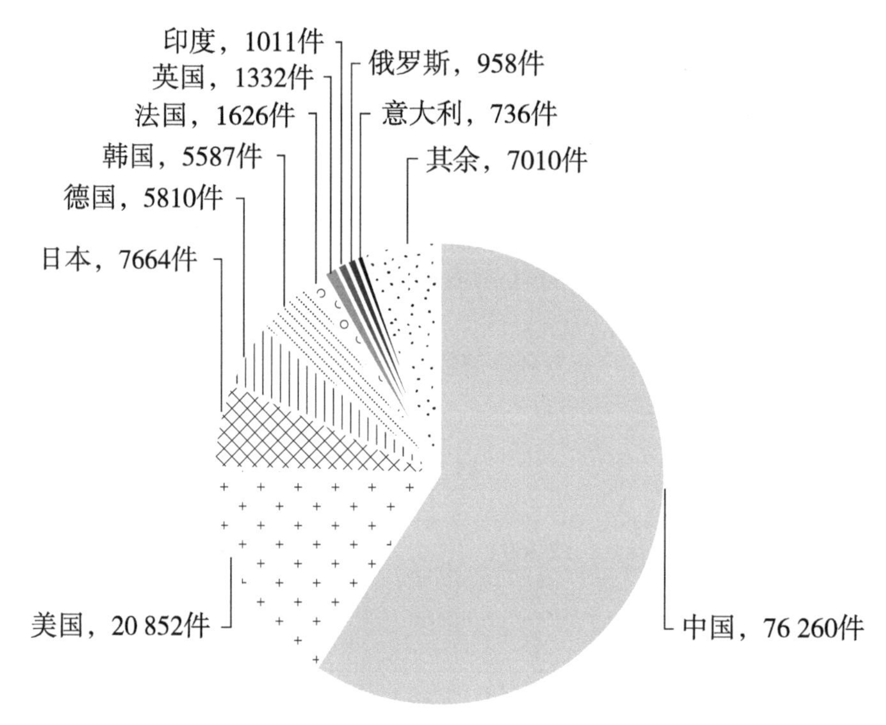

图 8-6 增材制造主要技术来源地（2013—2022 年）

3. 技术目标地分布

在某个国家或地区的专利申请公开量可以直接反映该国家/地区在全球市场中的地位。对增材制造全球专利申请公开的区域进行分析，排名前 10 的国家/区域性组织依次为中国、美国、日本、世界知识产权组织（WIPO）、韩国、德国、欧洲专利局（EPO）、印度、俄罗斯，以及法国。向这些国家及区域性组织提交的专利申请数量占到全球范围内提交的专利申请总量的 95.65%，其中，在我国申请公开的专利数量占全球专利申请总量的 61.57%，可见我国是增材制造全球最主要的技术目标市场（图 8-7）。

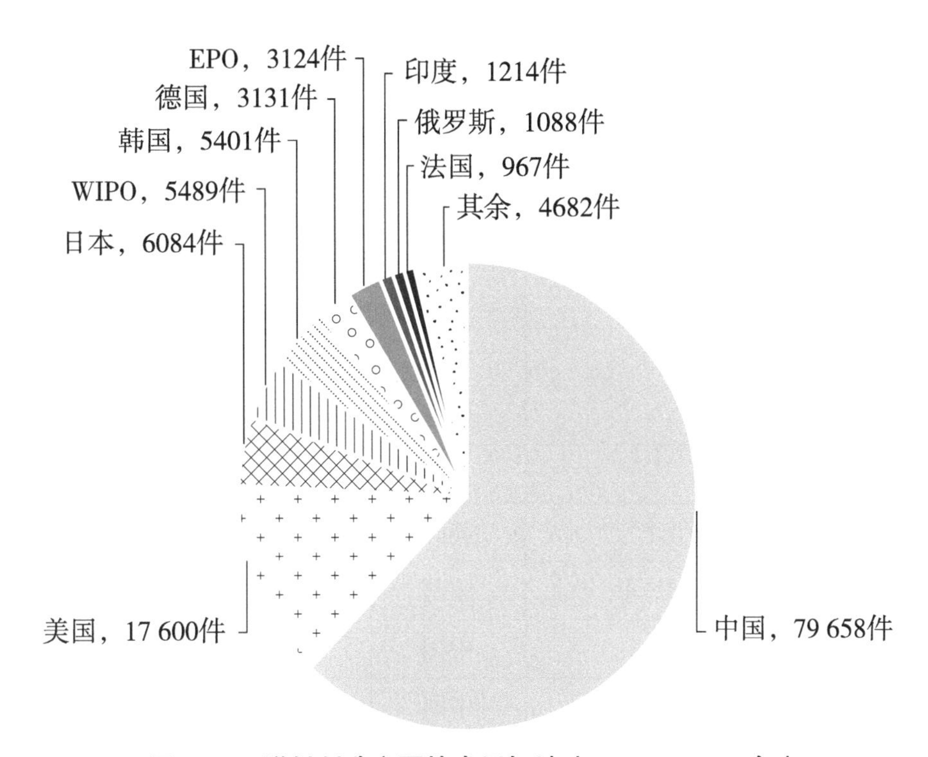

图 8-7　增材制造主要技术目标地（2013—2022 年）

4. 重要专利申请人

增材制造近 10 年专利申请数量排名前 15 的申请人，其所属国家主要有中国、美国、日本及德国，包括 8 家中国机构、4 家美国机构、2 家日本机构及 1 家德国机构；从机构属性来看，有 9 家企业与 6 所高校（表 8-2）。

从专利申请数量来看，排名第一的是美国惠普公司，有相关专利 1899 件，核心专利包括 WO2020091746A1（用于 3D 模型打印的 3D 打印服务计算节点）、CN106232331B［计算机模型和三维（3D）印刷方法］等。其次是美国通用电气公司，有相关专利 1037 件，核心专利包括 US20160179064A1（增材制造过程数据的可视化）、US9956612B1（使用移动扫描区域的增材制造）等。此外，我国西安交通大学、华南理工大学、华中科技大学等机构也是该领域主要申请人，相关申请专利均在 600 件以上。

表 8-2 增材制造专利申请人 TOP 15（2013—2022 年）

申请人	所属国家	机构属性	专利申请数量/件
惠普	美国	企业	1899
通用电气公司	美国	企业	1037
西安交通大学	中国	高校	726
华南理工大学	中国	高校	675
华中科技大学	中国	高校	663
爱普生	日本	企业	564
施乐公司	美国	企业	480
深圳市纵维立方科技有限公司	中国	企业	447
浙江大学	中国	高校	446
深圳市创想三维科技股份有限公司	中国	企业	412
波音公司	美国	企业	408
西门子	德国	企业	388
吉林大学	中国	高校	381
理光公司	日本	企业	376
南京航空航天大学	中国	高校	358

5. 主要技术领域

对 IPC 分类号统计分析，可以分析增材制造主要技术领域：B29C64［增材制造，即，三维（3D）物体通过增材沉积，聚结或层压，例如通过 3D 打印，通过光固化或选择性激光烧结］和 B33Y30（增材制造设备；及其零件或附件）是增材制造最主要的技术领域，分别有相关申请专利 51 651 件、45 955 件，占专利申请总量的 39.92%、35.52%；其次是 B33Y10（增材制造的过程），有相关申请专利 33 803 件；B33Y40（辅助操作或设备，如用于材料处理)、B33Y50(增材制造的数据获得或数据处理)、B33Y70(适用于增材制造的材料)、B33Y80(增材制造的产品)、B22F3(由金属粉末制造工件或制品，其特点为用压实或烧结的方法；所用的专用设备)、B29C67(不包含在B29C39/00至B29C65/00，B29C70/00或B29C73/00组中的成型技术)、B22F10(由金属粉末制造工件或制品的增材制造方法)也是增材制造的相关技术领域(表8-3)。

表8-3　增材制造专利IPC分布(2013—2022年)

IPC大组	分类号解释	数量/件	占比
B29C64	增材制造，即，三维(3D)物体通过增材沉积，聚结或层压，例如通过3D打印，通过光固化或选择性激光烧结	51 651	39.92%
B33Y30	增材制造设备；及其零件或附件	45 955	35.52%
B33Y10	增材制造的过程	33 803	26.13%
B33Y40	辅助操作或设备，如用于材料处理	21 500	16.62%
B33Y50	增材制造的数据获得或数据处理	20 262	15.66%
B33Y70	适用于增材制造的材料	17 652	13.64%
B33Y80	增材制造的产品	17 160	13.26%
B22F3	由金属粉末制造工件或制品，其特点为用压实或烧结的方法；所用的专用设备	16 002	12.37%
B29C67	不包含在B29C39/00至B29C65/00，B29C70/00或B29C73/00组中的成型技术	9820	7.59%
B22F10	由金属粉末制造工件或制品的增材制造方法	8531	6.59%

四、全球研究进展

增材制造领域正在不断涌现新的工艺、原理、材料和应用，包括 4D 打印、空间 3D 打印、电子 3D 打印、细胞 3D 打印、微纳 3D 打印等创新概念。同时，工程塑料、陶瓷、树脂基纤维增强复合材料等领域的增材制造技术逐渐成熟，材料种类和应用范围也在不断扩展①，推动各行业科技进步。

增材制造技术在高分子领域取得持续突破。美国加州大学伯克利分校的 Joseph Toombs 及其团队使用光敏聚合物–二氧化硅纳米复合材料制作打印墨水，通过轴向计算光刻 3D 打印技术制造三维结构，能够制造出表面光滑的物体。美国佛罗里达大学 Thomas E Angelini 等开发了一种利用 PDMS 作基底来 3D 打印精确、复杂精细结构的方法，研究人员使用一种由硅油乳液制成的支撑材料，这种材料对硅油墨的界面张力可以忽略不计，从而消除了经常导致打印硅特征变形和断裂的破坏力。

增材制造技术在生物医疗领域应用不断加快。荷兰乌得勒支大学研究人员使用新开发的超快体积 3D 生物打印方法成功制造出功能性肝脏。德国波鸿鲁尔大学（Ruhr–Universität Bochum）的研究人员利用双光子聚合 3D 打印技术成功模拟出纳米尺度上的生物结构。来自中科院等机构的研究人员利用六轴机器人改造而成的新型生物打印机和特殊的细胞打印方法，在复杂血管支架上打印出了具有正常细胞周期和功能的心肌组织。法国图卢兹大学医院使用 3D 生物打印技术，将患者自身软骨细胞和胶原蛋白混合制作出类似真实鼻子的结构，成功移植到患者脸上。2023 年 4 月，研究人员将 3D 打印成功应用在伤口愈合中，用于干细胞和抗生素的外部递送。以色列再生医学公司 Matricelf 采用 3D 打印技术开发出一种神经植入物，可用于治疗脊髓损伤的瘫痪病人。

金属增材制造不断取得技术突破。金属 3D 打印对生产成本、产品质

① 王磊，卢秉恒 . 我国增材制造技术与产业发展研究［J］. 中国工程科学，2022，24（4）：202–211.

量、技术要求普遍高于非金属 3D 打印。2021 年 4 月，美国陆军授予美国应用科学与技术研究组织“无接缝车体增材制造”项目合同，目标是通过对现有增材搅拌摩擦沉积等技术进行升级，开发世界最大的金属增材制造系统，该系统既可用于制造战车的整体车体等大型零件，也可用于潜艇部件、机身等其他武器系统的制造和维修。澳大利亚的研究人员为提高电弧增材制造沉积层的表面完整性，提出了一种基于激光传感器的电弧增材制造表面粗糙度测量方法，为电弧增材制造技术提高表面质量提供了有效的指导。专业 3D 打印设备制造商 Raise3D 推出金属熔丝制造 3D 打印解决方案，以进一步促进增材制造的工业化。西班牙 3D 打印机制造商 BCN3D 推出了黏性光刻（VLM）制造 3D 打印技术，允许用户在一次构建中使用两种不同的树脂进行打印，能够处理比行业标准的树脂高 50 倍的黏性。日本精密设备制造商杉野机械（Sugino Machine Limited）推出了 XtenDED 混合 3D 打印机，将数控加工技术与激光金属沉积相融合，实现了多种制造方法的结合。

环保型 3D 打印材料具备显著潜力，可以有效减少制造业产生的废弃物，并降低二氧化碳等温室气体的排放。3D 打印材料公司 Polymaker 发布了一款新型基于 PLA 材质的绿色环保耗材——PolyTerra。德国 3D 打印开发商 EOS 推出了两种环保 3D 打印材料 PA 2200 CarbonReduced 和 PA 1101 Cimate Neutral，含碳量均比以前减少。3D 打印设备制造商 Nexa3D 宣布为其 QLS 系列打印机引入了一种环保型粉末 3D 打印材料 PolyKetone（PK）5000，这种材料不仅可以提供高强度和耐磨损的性能，而且能够降低碳排放并减少废料产生。

3D 打印技术在建筑业中的应用逐渐增加，有望推动建筑行业朝着可持续的方向发展。印度理工学院古瓦哈提分校的科学家借助工业废料作为黏合剂制造出可供 3D 打印用的混凝土，然后利用这一技术来打印家具和建筑结构。美国建筑 3D 打印初创公司 Mighty Buildings 宣布交付首个 3D 打印零净能源住宅。德国云和数据中心提供商海德堡 iT（Heidelberg iT

Management）已采用 3D 打印技术建造欧洲最大的云数据服务中心。

航空航天等领域正加速增材制造技术的应用。在航空航天方面，俄罗斯国家研究型技术大学（The National University of Science and Technology）研究人员利用 3D 打印技术开发出一种为航空航天工业生产复合材料部件的方法，该方法将成品的强度提高了 15%；以色列 3D 打印技术公司 Nano Dimension 宣布为美国宇航局马歇尔航天飞行中心（NASA Marshall Space Flight Center）安装了一台 Admaflex130 3D 打印系统，用于打印钠电池的原型；美国麻省理工学院开发出一种新的热处理方法，可有效改善 3D 打印金属的微观结构，使 3D 打印发动机叶片成为可能。

此外，增材制造也已经广泛应用于汽车、电子和通信等领域，凭借高精度、高效率、低成本等优点，在工业制造中的地位不断提升。

五、发展趋势

增材制造技术问世至今得到了长足的发展和更为广泛的应用，其工艺特点成为其独特的技术优势，也成为限制其自身成为主流制造技术的原因。增材制造作为未来制造业的一个重要领域，面临着材料多样化、大规模生产、个性化定制、智能化自动化和可持续发展等多方面的挑战和机遇。业界普遍看好增材制造技术的未来发展，具体来看，增材制造技术主要体现以下几个发展趋势。

增材制造技术将更多样化、规模化和智能化。第一，增材制造技术已经能够使用金属、陶瓷、生物等多种材料进行打印，并实现不同材料之间的混合，石墨烯、复合材料等也获得高度重视。未来增材制造技术可能进一步提高材料的选择性和组合性，实现多功能、多样化打印效果。第二，增材制造技术已经实现了部分大尺寸物体的打印，如飞行器零部件等，未来或将在提高打印速度和精度的同时进一步扩大生产规模，实现大尺寸、一体化制造。第三，人工智能等技术已经应用在筛选部件、生成复杂设计和监测质量控制等方面，随着以 ChatGPT 为代表的新一代 AI 技术取得突破性进展，AI 与增材制造的深度融合将进一步提高增材制造的效率和质量。

增材制造与传统制造仍是互补关系。从当前发展来看，增材制造不会替代传统制造，二者在一定时期内仍然是互补关系。首先，增材制造的价格和成本虽然近几年大幅降低，但仍然偏高，尤其是对于生产结构简单、价格低廉的产品，性价比较低。其次，增材制造“层层”制造的天然特性，使其在生产速度上处于劣势，在大规模生产活动中还不能同传统制造方法匹敌。同时，对于结构复杂、价格昂贵，且传统制造工艺无法胜任的产品，增材制造则具有明显优势。

增材制造技术的环保性成为关注热点和研发重点。增材制造技术在耗能、耗材和用水方面，并不比传统制造技术更环保，如粉末床熔融、定向能沉积等制造工艺并不节能，其利用热源或光源作为能量，会消耗大量能量；并不是所有的增材制造原料都能够重复利用等。但是，未来提升增材制造环保性仍是重点，如如何更好地使用低耗能原料、如何对制造过程进行节能控制，以及对寿命耗尽零部件的回收再利用等。

（执笔人：尹志欣）

第九章　无人机海洋遥感技术

近年来，无人机遥感技术发展迅速，广泛应用于军事防御、农业监测、测绘管理、灾害应急响应与管理等领域。目前，日益严重的海洋生物和环境问题正在引起对有效和及时监测的需求。与传统的海洋监测技术相比，无人机遥感因其灵活性高、效率高、成本低等特点，在产生高空间和时间分辨率的系统数据的同时，正在成为海洋监测的重要手段。

一、技术内涵和特点

（一）技术概述

无人机海洋遥感技术（unmanned aerial vehicle ocean remote sensing technology），是一种将先进的无人驾驶装置（包括飞行器、帆船、潜艇等）与遥感传感器、遥测遥控和通信、GPS 差分定位和特定遥感应用场景相结合，以自动化、智能化、专用化的手段快速获取国土资源、自然环境、地震灾区等空间遥感信息，且完成遥感数据处理、建模和分析的应用技术。无人机海洋遥感系统由于具有机动、快速、经济等优势，已经成为世界各国争相研究的热点课题，现已逐步进入实际应用阶段，成为未来海洋遥感领域的关键技术。

（二）应用领域

当前，无人机遥感在海洋监测领域的应用主要体现在 4 个方面。

1. 海洋测绘管理

无人机遥感技术改变了空间地理和生态学的研究，为生态现象提供了适当的空间和时间尺度的数据，并具有精细的分辨率，否则这些现象将不容易研究。无人机装载了不同的数码相机和无源或有源传感器（例如，多光谱、近红外、短波红外、高光谱、热、荧光、雷达和机载光探测），可以获得各种任务所需的数据和图像，例如监测和绘制岛屿、海岸和海滩、生物栖息地以及敏感或脆弱的生态系统和典型的海洋生态系统。

2. 海洋灾害与环境监测

在海洋中，藻华、水母潮、台风、风暴潮和海啸等生态或自然灾害以及石油泄漏和污染等人为灾害的发生，对渔业、海洋工业和环境具有极大的破坏性，并可能造成非常大的经济损失和人员伤亡。迫切需要有效（灵活、可靠、反应灵敏和易于使用）的工具来帮助人们在灾害发生前后做出反应，从而减少灾害的影响和造成的破坏。无人机遥感在海洋灾害监测、预警、灾后抢救恢复等方面的广泛应用凸显了其巨大优势。

3. 海洋野生动物监测

海洋野生动物监测，包括收集有关动物的存在、丰度、分布、身体状况和行为的数据，是野生动物保护和管理以及海洋生物资源可持续利用的重要组成部分。无人机易于操作，方法灵活，价格合理，应用高效，可以防止危险动物和环境对人类的潜在伤害，并且能够从难以到达的地方收集信息，同时最大限度地减少干扰。无人机监测的分类群包括海洋哺乳动物（鳍足类动物、海妖和鲸类）、海鸟（企鹅、信天翁、海鸥和海鸥）、海洋爬行动物（海龟和咸水鳄鱼）、鱼类（鲨鱼和鳐鱼）和表面聚集浮游生物（水母）。借助无人机遥感测量除了获取动物存在、分布和行为等视觉信息外，还允许研究人员在不捕获个体的情况下对野生动物进行形态测量；因此，可以获得动物的体重、大小、健康状况和人口统计学，有助于为海洋动物的保护和管理提供更完整的信息。

4. 海上监控和执法

无人机和无人船已在国外的海上巡逻、监控、和执法等领域得到广泛应用。相比于传统的海上执法方式，无人机可以提高执法效率，节省执法成本，大幅度缩短执法时间。具备快速起飞、高速巡航、智能返航等功能，能够快速准确地获取情报和证据资料。此外，海上执法无人机可以集成各种高精度传感器装备，如红外线、高清摄像、热成像等，可以快速实现目标的无损检测和认证，通过图像、视频、数据等多种方式收集证据，准确地找到违法行为和证据。

（三）无人机海上遥感技术的特点

无人机遥感在海洋领域的广泛应用，很大程度上得益于其配置的不断优化和性能的提升。无人机是在遥控飞机的范式下开发的，其特点是自主飞行和遥控。遥感是一种使用特定仪器从远处捕获信息的技术。显然，当无人机配备具有遥感功能的传感器时，它可以在人类远程控制下灵活地收集针对专用目标的信息。传统的无人机最初并不是为遥感目的而设计的，许多遥感设备并不是专门为无人机设计的，因此在早期阶段集成起来很困难。然而，随着传感器的优化、遥控技术性能的提高、遥感设备兼容性的提高、遥感数据接收和处理能力的提高以及无人机平台和传感器的集成，逐渐导致了具有新潜力的遥感应用的发展。

目前，无人机已经发展成为多性能和多样化的类型，包括固定翼、扑翼、旋翼、倾转旋翼、涵道风扇、直升机、扑翼机，以及可以携带成像或非成像有效载荷、在不同环境条件下飞行并完成不同操作任务的非常规类型。同时，研究人员开发了各种传感器（如图像传感器、惯性传感器、距离传感器、压力传感器、光传感器、位置传感器、电流传感器和超声波传感器），这些传感器可以安装在特定类型的无人机上，以收集具有不同空间和时间分辨率的遥感数据。在无人机遥感数据处理中，增强的图像处理算法（如机器学习、强化学习、监督学习、无监督学习、深度学习和迁移学习）可以大大提高输出质量。此外，相关兼容平台的集成和增强也增强了无人机遥感的监测和识别能力。所有这些技术的发展最终扩大了无人机遥感在海洋领域的应用。

二、各国战略和法规

（一）美国

美国无人机战略和法规主要由美国白宫和美国联邦航空管理局发布，可以划分为 3 个阶段，每个阶段有不同的侧重点。2012—2017 年是无人机战略和法规的形成期，2018—2020 年是无人机战略和法规的完善期，2021—2023 年是无人机战略和法规的应用期。

1. 2012—2017 年，美国无人机战略和法规的形成期

美国的无人机战略起始于 2012 年，在 2012—2017 年，美国白宫于 2015 年 2 月发布了总统备忘录《促进经济竞争力，同时保护国内使用无人机系统的隐私、公民权利和公民自由》。美国联邦航空管理局于 2012 年 6 月发布了《现代化和改革法案》（公法 112-95），在第三章中介绍了无人机系统的相关战略和法规。2013 年 11 月，发布了《整合民用无人机系统进入美国联邦航空系统的路线图》（第一版）。2016 年 6 月，发布了《小型无人机法规》。2016 年 7 月，发布了《FAA 拓展版安全和安保法案》，在第二章中介绍了无人机安全的法规。

2. 2018—2020 年，美国无人机战略和法规的完善期

在 2018—2020 年，美国联邦航空管理局于 2018 年 2 月，发布了《FAA 重新授权法案》，在第 352 条中介绍了小型无人机系统豁免和空域授权的安全理由示例。2018 年 7 月，发布了《整合民用无人机系统进入美国联邦航空系统的路线图》（第二版）。2019 年 8 月，发布了《第 349 号无人机使用限制授权法案》。2019 年 12 月，发布了《第 366 号无人机安全公众参与计

划》。2020 年 7 月，发布了《整合民用无人机系统进入美国联邦航空系统的路线图》（第三版）。

3. 2021—2023 年，美国无人机战略和法规的应用期

在 2021—2023 年，美国联邦航空管理局于 2022 年 6 月，对 2018 年发布的《FAA 重新授权法案》第 352 条进行了修订，更改了小型无人机系统豁免和空域授权的安全理由。2023 年 7 月，美国联邦航空管理局发布了《无人机系统情况说明书的州和地方法规》。

（二）欧盟

欧盟无人机战略和法规主要由欧洲航空安全局发布，同样可以划分为三个阶段，每个阶段有不同的侧重点。2015—2017 年是无人机战略和法规的形成期，2018—2020 年是无人机战略和法规的完善期，2021—2023 年是无人机战略和法规的应用期。

1. 2015—2017 年，欧盟无人机战略和法规的形成期

欧洲航空安全局于 2015 年 3 月，提出了《遥控飞机（RPAS）的新监管方法》。2015 年 12 月，发布了《关于欧洲民用空域安全使用无人机的技术意见》，为欧洲安全使用无人机铺平道路。2016 年 5 月，成立工作组评估无人机与飞机相撞的风险。2017 年 5 月，发布了在欧洲运营小型无人机的提案。

2. 2018—2020 年，欧盟无人机战略和法规的完善期

欧洲航空安全局于 2018 年 2 月，发布《关于欧洲无人机安全运营的意见》。2018 年 11 月，举办无人机高级别会议，探讨未来无人机市场和新的欧洲无人机法规。2019 年 6 月，发布《有关无人机的广泛规则》。2019 年 10 月，欧洲无人机系统运营监管取得了一个重要里程碑，发布了可接受的合规手段（AMC）和指导材料（GM）用于开放和特定类别中 UAS 运行。2020 年 4 月，发布《欧洲城市无人机安全运营规则》《轻型无人机认证拟议标准》。2020 年 10 月，提供代理解决方案以实现欧洲范围内的无人机注册

数据共享。2020 年 12 月，发布《无人机服务交付监管框架》。

3. 2021—2023 年，欧盟无人机战略和法规的应用期

欧洲航空安全局于 2021 年 3 月，发布《机场无人机事件管理指南》。2021 年 4 月，发布《“特定”类别无人机设计验证指南》。2021 年 6 月，批准全电动空中出租车公司（Volocopter Company）获得运营证书，并允许其进行无人机操作。2022 年 3 月，与欧洲边境和海岸警卫队签署无人机工作安排。2022 年 10 月，发布首份《关于 600 公斤以下无人机噪音水平测量的指南》。2022 年 12 月，发布第一套《U–Space 法规》（AMC/GM）。2023 年 8 月，提出 VTOL 运营规则，其中包括空中出租车的运营规则。2022 年 12 月，推出首个“无人机和空中出租车数字信息平台”。

（三）英国

英国于 2020 年 1 月 31 日午夜退出欧盟。根据脱欧协议的条款，欧盟法律将在 2020 年 12 月 31 日之前的过渡期内适用于英国。在此期间，英国将被视为欧盟成员国，但将不再参与欧洲航空安全局的任何决策或决策制定活动。因此，英国的无人机战略法规从 2021 年开始制定。

2021 年 3 月，英国内政部、警方和英国民航局宣布开展一项新行动，旨在打击无人机相关犯罪。2021 年 4 月，英国民航局授权开展常规超视距操作概念的无人机试验。2021 年 4 月，英国民航局宣布，将通用航空部队（GAU）和遥控飞机系统部队（RPAS）团队整合为一个部队。2023 年 10 月，英国民航局选择 6 个项目进行试验，目的是使超视距（BVLOS）无人机飞行成为日常现实。

（四）日本

日本民用航空局（JCAB）于 2022 年 3 月发布了《日本无人机法》，对无人机的购买、许可证办理、持有、运输、使用等事项做出了规定。例如，未经国土交通省特别许可，无人机不得以距地面 150 米以下飞行，不得靠近机场；不得靠近总务省规定的人口稠密地区。如需申请特别许可，需要在运营前至少 10 个工作日向国土交通省提交许可申请。无人机只能在白天飞行。无人机飞行员在操作过程中必须与无人机保持视线。无人机不得在人员或私人财产 30 米范围内飞行。无人机不得飞越人群或大型人群聚集的场所，如音乐会或体育赛事。无人机不得用于运输危险品。无人机在飞行时不得有意或无意地掉落物体。

三、总体发展情况

为了解国际深海技术研发的总体情况，利用文献计量方法对国际深海研究的力量分布和热点及其变化趋势进行分析。由于无人机海洋遥感技术不仅涉及科学研究、工程技术研究，而且涉及专利文献，因此对综合性数据库 SCI-Expanded 和工程技术类综合数据库 EI-Compendex 进行了检索。

SCI-Expanded 数据库（SCIE）是美国科学信息研究所 ISI 的科技期刊文献检索系统，SCIE 收录的期刊涵盖了世界范围内各学科领域优秀的科技期刊，利用其索引的科研论文进行无人机海洋遥感领域发展态势分析评价具有一定的意义。文献数据按主题检索，共获得 1805 篇论文和 1185 件专利。

（一）论文产出

1. 历年论文数量

从无人机海洋遥感历年论文数量上看，从 2013 年的 27 篇到 2022 年的 424 篇经历了快速增长，2018—2022 年数量的增长非常显著（图 9-1）。

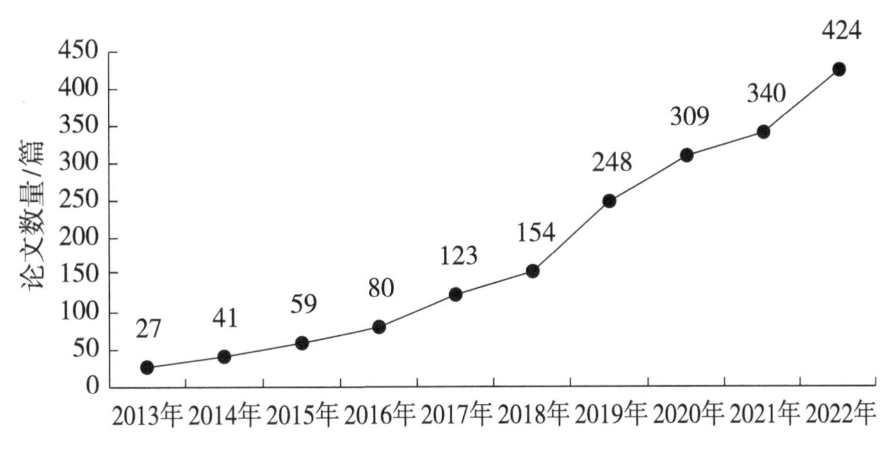

图 9-1 无人机海洋遥感历年论文数量（2013—2022 年）

2. 国家论文数量排名

从无人机海洋遥感国家论文数量排名上看，排在前 10 的国家是：美国、中国、澳大利亚、意大利、韩国、加拿大、法国、日本、英国、西班牙。其中，排在第一的美国论文数量遥遥领先，为 413 篇；排在第二的是中国，论文数量为 306 篇。澳大利亚和意大利的论文数量在 120 篇以上，其余国家的论文数量为 61～83 篇（图 9-2）。

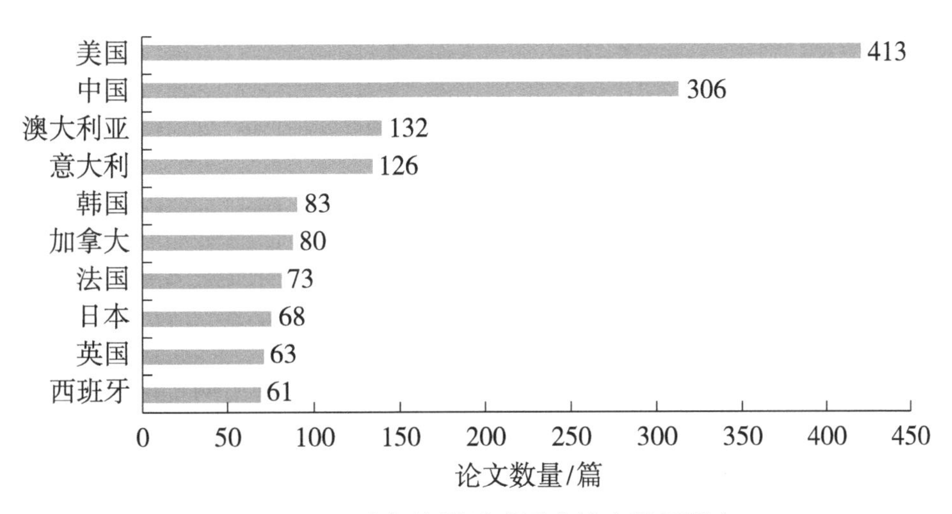

图 9-2 无人机海洋遥感国家论文数量排名

3. 国家被引次数排名

从无人机海洋遥感国家被引次数排名上看，排名前 10 的国家分别为：美国、中国、澳大利亚、意大利、法国、英国、德国、波多黎各、西班牙、加拿大。美国的优势最为明显，为 5564 次，中国为 3729 次，澳大利亚和意大利在 2000 次以上，法国、英国、德国在 1000 次以上，波多黎各、西班牙和加拿大为 700～1000 次（图 9–3）。

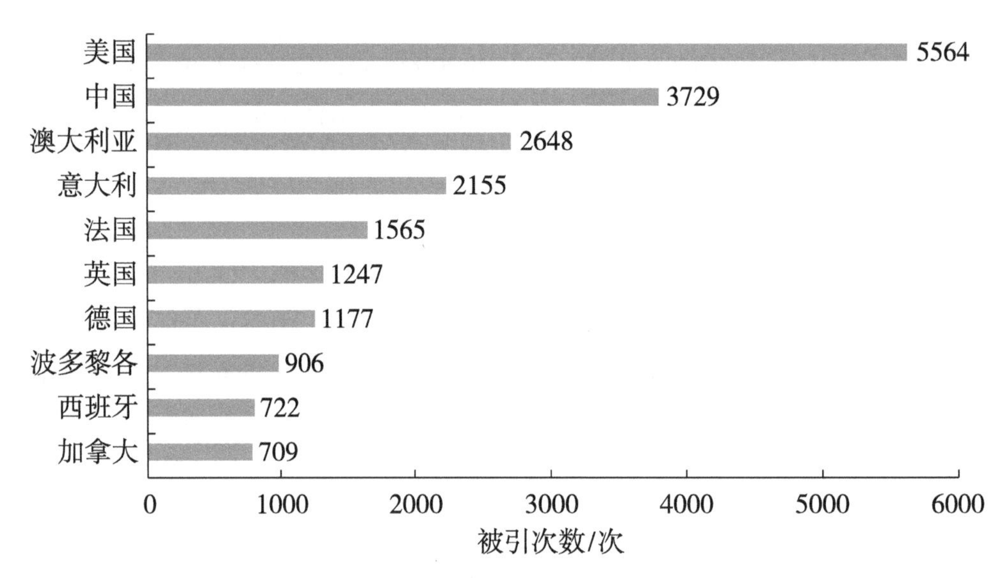

图 9–3　无人机海洋遥感国家被引次数排名

4. 机构论文数量排名

从无人机海洋遥感机构论文数量排名上看，排名前 10 的机构是：中国大连海事大学、挪威科技大学、俄罗斯科学院、中国海洋大学、澳大利亚迪肯大学、美国科罗拉多州立大学、意大利费拉拉大学、日本东京大学、美国 NASA、丹麦奥胡斯大学。机构论文数量为 10～17 篇（图 9–4）。

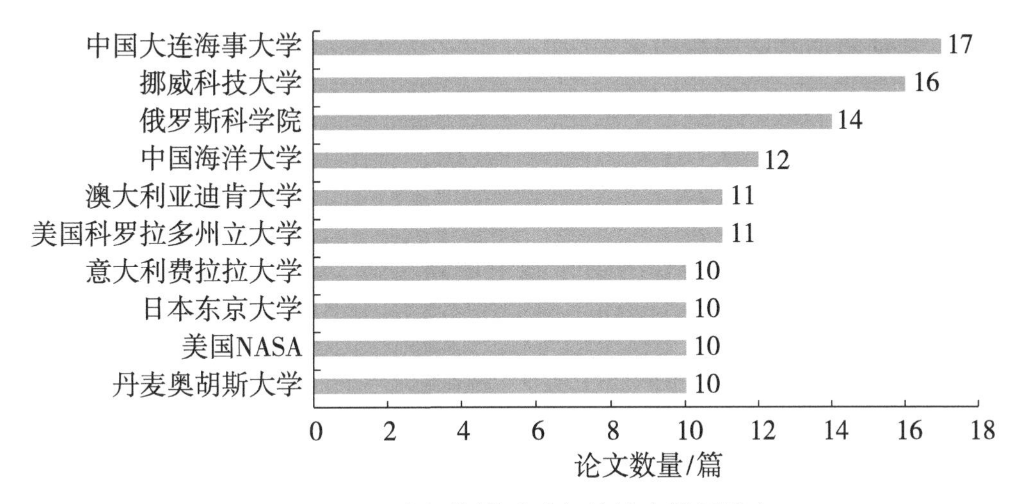

图 9-4　无人机海洋遥感机构论文数量排名

（二）专利产出

1. 历年专利申请数量

从无人机海洋遥感历年专利申请数量上看，从 2013 年的 26 件到 2022 年的 272 件经历了快速增长，2019—2021 年有短暂的停滞，2021 年之后又恢复了快速增长的势头（图 9-5）。

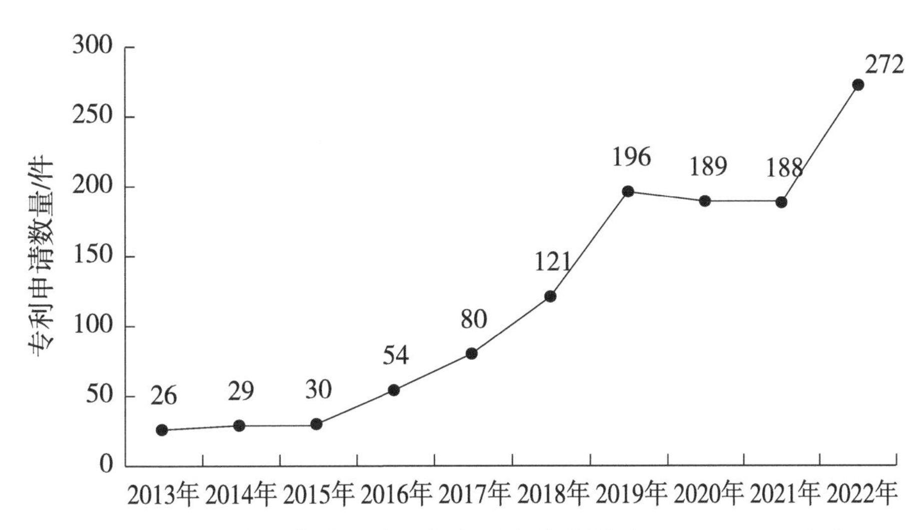

图 9-5　无人机海洋遥感历年专利申请数量（2013—2022 年）

2. 专利申请数量国家排名

从无人机海洋遥感专利申请数量国家排名上看，排在前 10 的国家是：美国、中国、韩国、日本、法国、德国、英国、印度、俄罗斯、挪威。其中，排在第一的美国专利申请数量为 515 件；排在第二的是中国，专利申请数量为 487 件。韩国和日本的专利申请数量在 100 件以上，其余国家的专利申请数量为 7～64 件（图 9-6）。

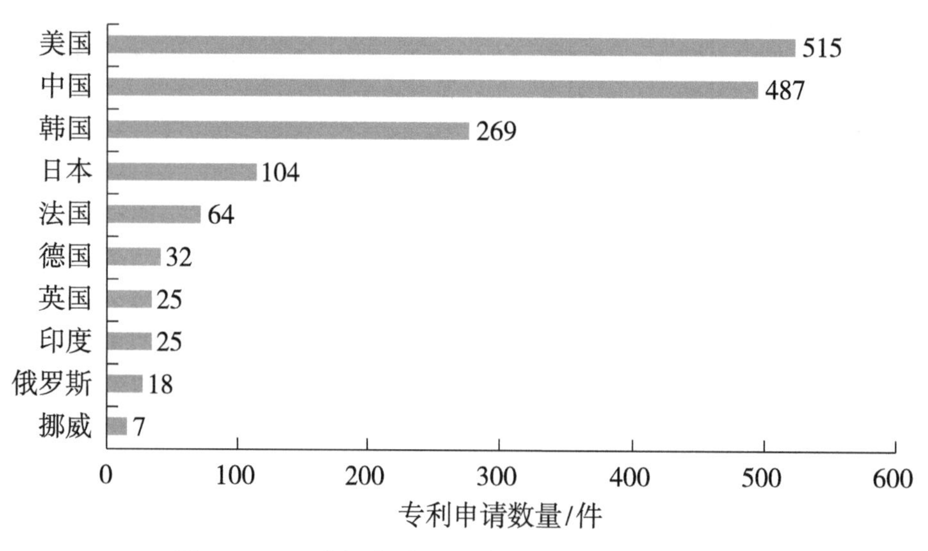

图 9-6　无人机海洋遥感专利申请数量国家排名

四、全球研究进展

（一）海洋测绘与管理

海洋测绘是以海洋水体和海底为对象进行的测量和海图编制等工作的统称。它既是测绘科学的一个重要分支，又是一门涉及许多相关科学的综合性学科，是陆地测绘方法在海洋的应用与发展。

1. 海面气象测绘管理

2023 年 8 月，美国数据浮标中心（NDBC）将国家海洋保护区的系泊气象浮标更换为航海无人机（USV）以保护海底，减轻系泊材料造成的影响。气象浮标是美国国家海洋和大气管理局用来收集环境观测数据以监测地球海洋和海岸、预测天气和气候变化、可持续管理海洋资源和保护沿海社区的众多工具之一。美国数据浮标中心在全球运营着 200 多个系泊气象浮标。它们为科学家提供数据，以研究白令海海冰的消失、海洋酸化对佛罗里达州珊瑚礁的影响，并监测五大湖的健康状况。系泊气象浮标既昂贵又难以维护，当发生停电时，修复它们需要大型载人船只和数周的海上航行。Saildrone 公司的探索者无人机于 8 月部署后，自 9 月 1 日起一直在站上传送数据，预计将一直保持在站至 2024 年 6 月。这是美国数据浮标中心第二次更换浮标，2022 年，已经有两架航海无人机部署到墨西哥湾。

2. 近岸海洋生态测绘和管理

2023 年 5 月，挪威的专业团队通过两个名为 SeaBee 和 MASSIMAL 的研究项目，利用无人机监测海洋生态系统和栖息地。研究内容是分析沿海蓝色森林系统的变化，包括海草草甸、海带森林和岩藻床。目的是利用无人机和专用传感器开展新的沿海栖息地测绘实践。以这种方式收集的数据将用于通过机器学习算法来表征沿海栖息地，并通过摄影测量软件进行特殊分析。

3. 极地海洋环境测绘和管理

2020 年 9 月，在美国地球物理联盟（AGU）秋季会议的上发表了“使用航海无人机遥感验证来自 SMAP 卫星和海洋模型的北极海面盐度”的论文，文中提到，“北极是地球气候的主要驱动因素，也是一个很难获得遥感数据验证的地区”，然而，“卫星测量值与无人机现场测量值之间存在非常强的相关性。”将北极遥感无人机提供现场数据和卫星遥感数据进行相互验证，可以极大地提高北极海气监测预报的精确度。

2019 年南极洲环球航行任务中，为了能在地球上最恶劣的海洋环境中进行科学发现。科学家部署了 3 架搭载科学传感器有效载荷的无人水面航行器（USV），以更好地了解南极生态系统正在发生的快速变化，并为南大洋如何影响全球气候提供新的见解。这也是一项教育推广计划，利用尖端的数据传输技术将实时数据带到世界各地的教室。

4. 深海地形结构测绘和管理

2023 年 4 月，海底遥感无人机正式应用到 Seabed 2030 项目中。该项目是日本财团和海洋通用测深项目（GEBCO）开展的合作项目，海洋通用测深项目（GEBCO）是国际海道测量组织（IHO）和政府间海洋学委员会（IOC）的联合开展的全球海洋测绘项目，目的是到 2030 年绘制完整的世界海洋地图，并将所有测深数据编译到免费提供的 GEBCO 海洋地图中。

根据国际海道测量组织（IHO）的标准，海底遥感无人机需要具备近海 300 m 水深和远洋 11 000 米水深的遥感测量能力，由 Saildrone 公司提供的 20 m 长的测量无人机配备了 Kongsberg EM 304 MkII 和 Kongsberg EM 2040 多波束声呐及 AML–6 声速剖面仪，可以达到测量的要求。前几个月，该无人机已经成功绘制了阿拉斯加阿留申群岛周围和加利福尼亚州海岸超过 45 000 平方公里的海底地图。

（二）灾害和环境检测

1. 灾害性环境监测

2023 年 9 月，美国海洋和大气管理局（NOAA）利用无人机在 4 级飓风“萨姆”中呆了 24 小时，拍摄了世界上第一个横跨大西洋的大型飓风内部的视频片段，成为全球头条新闻。当无人机穿过风暴眼墙时，测得风速为 109.83 节（126.4 英里/小时），该风速已被官方确定为“无人地面车辆记录的最高风速”，这是 2024 年版的新条目的吉尼斯世界纪录。

2021 年 9 月 30 日凌晨，美国海洋和大气管理局（NOAA）首次将无人机应用于飓风监测，并收集了有关海洋和大气之间物理相互作用的重要数据，揭示了有关飓风加剧的新见解。2022 年 5 月 6 日，NOAA 发布研究成果“飓风内部前所未有的视图”，取得了很大的社会影响。2023 年 5 月 9 日，《纽约时报》发表文章“绘制海上超级风暴的微型飞船”，2023 年 9 月 12 日，美国国家海洋和大气管理局发表新闻稿“NOAA 直接载入吉尼斯世界纪录”，描述了无人机监测飓风的过程和进展。

2. 持续性环境检测

2023 年 4 月 6 日，为了检测海洋的化学成分，以便准确评估气候变化和海洋酸化对夏威夷群岛沿海环境的影响。夏威夷大学马诺阿分校采用了 3 艘无人水面航行器（USV），在夏威夷岛、毛伊岛、欧胡岛和可爱岛周围执行为期六个月的任务，以评估全夏威夷州的海洋健康。无人水面航行器能够对 pH 值和二氧化碳进行现场测量，这将使研究人员能够绘制出探险者采样区域化石燃料排放累积量的地图。通过识别海洋酸化的“热点”，研究人员将能够确定哪里的水对于依赖碳酸钙的生物体是安全的。海洋无人机可以在未来六个月内持续采样，在沿海水域提供的海洋化学测量结果比以往多了 1000 倍，以前，此类数据只能通过模型获得，而不是实时数据。

（三）海洋野生动物监测

1. 近海动物监测

2023 年 9 月 2 日至 10 月 2 日，美国能源部与独立的非营利能源研究与开发组织（EPRI）合作资助全球蝙蝠保护组织（BCI）开展了一项利用无人机监测海岸带蝙蝠的实验，目标是评估海上风能开发对蝙蝠的风险。实验用的无人机在机翼顶部配备了超声波麦克风，它们由风能作为推进力，由太阳能支持机载传感器，几乎安静且运营碳足迹为零。无人机在南法拉隆岛（金门大桥以西约 25 海里）的一个已知近海蝙蝠迁徙栖息地附近进行了采样。经过 31 个晚上，无人机记录了两个多小时的蝙蝠活动，监测到 5 个已知物种的 965 次蝙蝠叫声，其中包括 276 只灰蝠和 209 只墨西哥无尾蝙蝠。据了解，蝙蝠从美国大陆飞到夏威夷大约需要 3 天时间，平均速度为 60 英里/小时，而墨西哥无尾蝙蝠的飞行速度可达 100 英里/小时，是世界上速度最快的蝙蝠。此次利用蝙蝠自身的回声定位呼叫来研究近海环境中的蝙蝠的实验是史无前例的，而且取得了成功。

2. 海洋动物监测

2023 年 9 月，两艘配备专有水声系统的 Saildrone 无人水面航行器（USV）被部署在马萨诸塞州海岸附近，以监听北大西洋露脊鲸和其他海洋哺乳动物的声音。随着清洁能源需求持续增长，海上风电场的开发也相应增加。然而，重要的是这些站点的建设和运营不会对海洋生态系统产生负面影响。许多大型鲸鱼物种高度依赖声学来执行重要的生命功能，这也使它们对水下噪音敏感。

鲸鱼的发声频率通常非常低，因此很难被察觉，并且很容易被人造声音掩盖。用于监测海洋哺乳动物的传统视觉和声学方法通常需要训练生物学家，即所谓的 PAM（被动声学监测）操作员，将其部署在近海船只上，这增加了这些人员的安全风险。而且，船只产生的噪音可能使检测某些海洋哺乳动物物种变得困难。美国科学家利用尖端声学技术、自动驾驶车辆和机器学习创建一个监测网络，以检测、分类和定位海洋哺乳动物。这些几乎安静的无人帆船驻扎在已知有多种鲸鱼出没的区域。在为期两周的部署过程中，无人机记录了大量海洋哺乳动物的声音。

该项目得到了美国国家海上风电研究与开发联盟（NOWRDC）的一项重大奖项的支持，以促进海上风电与野生动物和其他海洋用户的共存，并支持其他行业举措。项目负责人指出："这一里程碑式的成就代表着我们在研究和保护鲸鱼和其他海洋哺乳动物的能力方面向前迈出了重要一步。""被动声学技术使我们能够以非侵入性且经济高效的方式收集重要信息，并结合我们无人平台的移动性和耐用性，提供前所未有的监控能力，促进研究、保护和商业企业。"

（四）海上监管

2020 年 10 月，美国海岸警卫队负责保护世界上最大的专属经济区，面积达 450 万平方英里，以及超过 10 万英里的美国海岸线和内陆水道。该机构的任务包括广泛的行动，包括搜索和救援、渔业执法、海上环境响应和海上安全。美国海岸警卫队研究与分析部建模模拟和分析部门负责人 D.Blair Sweigart 指挥官表示，“很明显，计算技术的持续进步和自主系统的全面进步代表着海岸警卫队执行任务能力的潜在提升。在全球很多地区，很难使用载人船只、飞机或其他需要直接人工操作的资产来维持持续存在。无人资产开辟了一个可能性的世界，可以帮助美国海岸警卫队在其中一些领域保持提高的认识，以便我们可以获得对全球活动的宝贵见解。”无人水面车辆（USV）舰队通过使用自主海域感知（MDA）帮助美国海岸警卫队履行其任务章程并提高了任务绩效。

五、发展趋势

近几十年来，随着海洋卫星、自沉式剖面浮标、潜标网、自主水下潜器等技术手段的发展，全球海洋观测取得长足进步。然而目前的观测能力仍远远无法满足海洋科学发展和工程应用的迫切需求。当前，海洋资源开发、海洋经济发展、海洋科技创新、海洋生态文明建设等方面的活动日益增加，亟须提升快速、机动、高效地获取高时空分辨率海洋信息的能力，而发展和巩固这一能力的关键在于自主研发先进的海洋观测仪器设备，并实现基于不同仪器设备的智能化组网观测。

以无人机、无人艇和自主水下潜器为代表的无人智能观测平台具备智能、灵活、快速、机动的特点，无疑代表了海洋观测技术的前沿发展方向。随着无人机遥感技术和性能（无人机平台、传感器、算法模型、集成系统）的提升，其在海洋监测中的应用越来越多样化和系统化。未来无人机海洋遥感技术的推广将得益于以下 4 个方面的突破。

（一）无人机相关软硬件技术的发展和革新

无人机相关的飞行控制技术、有效载荷能力提升技术、持续续航技术、传感器灵敏度技术、大型数据集团的分析处理技术，以及技术平台之间的兼容和集成技术的发展和突破，都会极大地促进无人机海洋遥感应用的扩展。

（二）跨学科合作研究体系的发展和创新

在无人机海洋遥感的研究中，需要基于环境科学、生态学、生物学、地质学提出科学问题，确定研究的目标；需要在工程科学的基础上为特定的科学问题选择、配置和开发相应的无人机；还需要基于计算机科学的相关技术和知识来分析和处理数据。因此学科融合与跨学科合作研究体系的发展会极大地推动无人机海洋遥感技术的普及和应用。

（三）海洋环境相关应用领域的发展和演进

碳循环生物化学评估和全球气候变化研究正在成为海洋遥感领域研究热点。无人机遥感在高分辨率监测植物生物量和动物种群分布和变化方面具有突出优势，在特殊地形、长期监测、恶劣环境下的遥感监测方面更是具备不可替代的优势。新的研究需求将会促使无人机厂商持续的加大对新型装备的研发。

（四）国际海洋研发合作体系和相关法律法规的发展和完善

开展无人机海上遥感的国家主要有美国、中国、澳大利亚、英国、法国、意大利、加拿大、德国、韩国、西班牙等。许多其他沿海国家刚刚开始或尚未从事这一研究领域。这说明无人机的应用还有很大的推广空间。随着无人机法律法规体系的加强和完善，无人机在国际海洋遥感市场上的推广也将更加顺畅。

（执笔人：谢飞）

参考文献

［1］顾诚.无人机技术综述及其在水利行业的应用［J］. 江苏科技信息，2019，36（34）：39－41.

［2］林铎.无人机遥感技术在水产养殖调查中的应用［J］. 中国新通信，2023，25（24）：77－79.

［3］王菱扬.基于无人机的河道智能巡检方案［J］. 自动化应用，2022（7）：75－77，81.

［4］张辉，郭志毅.无人机在水利工程中的应用研究［J］. 治淮，2022（11）：61－62.

［5］DJI. Next Generation Mapping — Saving Time in Construction Surveying with Drones［EB/OL］.［2024-06-19］. https://enterprise.dji.com/news/detail/next-generation-mapping（accessed on 4 January 2024）.

［6］GHAZALI M H M，TEOH K，RAHIMAN W. A systematic review of real-time deployments of UAV-based LoRa communication network［J］. IEEE access，2021, 9：124817-124830.

［7］Meshlab Homepage［EB/OL］.［2024-06-19］. http://www.meshlab.net（accessed on 4 January 2024）.

［8］Mission Planne［EB/OL］.［2024-06-19］. http://ardupilot.org/planner（accessed on 4 January 2024）.

第十章　2023年最受关注的20项前沿技术

2023年最受关注的20项前沿技术以紧密跟踪最新前沿技术发展动态为出发点，对2023年发布的国内外重点政府报告、知名研究机构和权威科技智库发布的前沿技术相关报告，以及知名科技网站和公众号等发布的前沿技术动态信息进行较为系统的跟踪监测。

在跟踪监测的前沿技术中，依据前沿性、重要性和权威性的原则，遴选出20项2023年最受关注的前沿技术。其中，前沿性是指在重点技术领域中具有前瞻性、先导性和探索性的重大技术，代表了前沿技术发展的趋势和方向。重要性是指该技术对未来高技术更新换代和新兴产业发展具有重要的基础性作用，是国家高技术创新能力和国际竞争能力的综合体现。权威性是指技术为政府部门、知名机构、科技智库和知名网站等所普遍关注，因此被认为是2023年科技领域最受关注的前沿技术。

一、人工智能大模型

人工智能大模型是指使用深度学习等AI技术构建规模庞大的神经网络架构，这些架构具备广泛的语言知识和理解能力，能够处理长距离依赖关系，并生成具有逻辑和上下文连贯性的多样化输出。大模型通常具有数十亿甚至数千亿个参数，能够捕捉数据中的复杂特征、模式和关系，并利用大规模、高质量的数据集和强大的计算资源（如高性能GPU、TPU等硬件）来训练深度学习架构，以实现更高级、更复杂的智能任务。大模型也能够处理多种类型的数据（如文本、图像、声音等），并在不同模态之间进行知识迁移和融合。大模型技术的发展得益于硬件计算能力的提升、数据量的增加以及算法优化，在自然语言处理、计算机视觉、自动驾驶等领域有广泛的应用。另外，大模型技术的发展也面临一系列挑战，如模型的可解释性、能源消耗、数据隐私和安全性等问题。

二、5G/6G 移动通信

5G 技术，即第五代移动通信技术，由国际电信联盟的 IMT-2020 标准定义，该标准要求理论峰值下载容量为 20 千兆位。国际电联还将 5G 网络服务分为 3 类：增强型移动宽带（eMBB）（手机），超可靠的低延迟通信（URLLC）（包括工业应用和自动驾驶汽车），和大规模机器类型通信（MMTC）（传感器）。6G 是 5G 之后的延伸，即第六代移动通信技术。6G 网络将是一个地面无线与卫星通信集成的全连接世界，通过将卫星通信整合到 6G 移动通信，实现全球无缝覆盖。与 5G 相比，6G 具有更加强大的技术优势：更高的传输速度、更丰富的频谱资源、更多的连接数量、更智慧的网络体系。6G 的数据传输速率可能达到 5G 的 50 ～ 100 倍，网络时延缩短到 5G 的 1/10，即从毫秒级降到微秒级。6G 在峰值速率、时延、流量密度、连接数密度、移动性、频谱效率、定位能力等方面远优于 5G。6G 愿景主要包括："网络泛在""智能内生""服务泛在"。

三、芯片技术

芯片技术是指在芯片设计、制造、封装、测试等方面的一系列科学原理、技术方法和工程实践，它包括但不限于集成电路（IC）、微电路（microcircuit）、微芯片（microchip）、晶片/芯片（chip）等。芯片技术是现代信息技术的基础，利用 EDA 等电子设计自动化工具将电路系统设计成可以在单个芯片上实现的电路，并使用光刻、蚀刻等技术在芯片上集成数以亿计的微电路，也可将多个芯片和组件集成到一个系统中，优化整体性能和降低成本，完成控制计算机、自动化装置制和其他各种设备所需要的操作。AI 和量子技术的发展推动了芯片技术的革新。未来，芯片技术的发展方向，一是在更先进的制程技术，如 3 nm 和 2 nm 甚至更小，从而实现更高的集成度和更低的功耗；二是在三维集成电路、异构集成、光子芯片和量子芯片等。芯片技术将在人工智能、量子计算、自动驾驶、云计算等领域推动尖端科技的发展。

四、合成生物学技术

合成生物技术是以工程学理论为指导，设计和合成各种复杂生物功能模块、系统甚至人工生命体，并应用于特定化学物生产、生物材料制造、基因治疗、组织工程等的交叉学科技术。该技术在基因组学和系统生物学的基础上，融汇工程科学原理，综合利用分子生物学、化学、物理、数学、信息学和工程学的知识和技术，对生命系统进行重新编程改造或从头设计合成，创建新的生命体系。合成生物学采用工程学“设计－合成－测试”的研究方法，使具有催化调控等功能的生物大分子成为标准化“元件”，创建“模块”“线路”等全新生物部件与细胞“底盘”，利用基因编辑、基因合成等“工具包”，构建有各类用途的人造生命系统。该技术可以合成人造基因、合成人造生命体并进行优化，以应对各种基因突变和疾病。这项技术已经在许多领域得到了广泛应用，如医疗保健、能源和材料科学等领域。

五、元宇宙

“元宇宙”是一个虚拟的数字世界概念，通常被描述为一个包含了多个互相连接的虚拟现实（VR）、增强现实（AR）、在线游戏、社交网络和其他虚拟体验的综合性虚拟空间。元宇宙不仅仅是一个单一的虚拟世界，而是一个包含了多个互动、沉浸式、跨平台的数字体验生态系统，人们可以在其中以各种方式进行社交互动、娱乐、工作、学习等活动。元宇宙的构建需要多项技术的支持，如虚拟现实、人工智能、区块链等。区块链技术可以保证数字商品的唯一性和交易的安全性，而虚拟现实技术和人工智能则可以让用户在元宇宙中获得更加真实的体验和互动。此外，元宇宙也为人们提供了一个全新的社交空间。在元宇宙中，用户可以与世界各地的人们进行交流和合作，共同打造一个更加丰富多彩的数字世界。

六、量子计算

量子计算是遵循量子力学规律利用量子比特的相干叠加、纠缠等量子特性，通过使用量子算法进行并行计算获得高速数学和逻辑运算。与传统计算相比，量子计算可以实现指数级加速并显著降低算力对能源的消耗。用户可以在传统计算、超算或量子计算机上执行量子算法来进行量子计算。未来，用户也可以通过量子云平台在传统计算、量子计算、超算和智算融合的算力网络中执行计算任务，发挥量子计算的并行性、高效性。量子计算机是实现量子计算任务的核心硬件系统，包括专用量子计算机和通用量子计算机。当前，发展最快的量子计算机路线有超导、中性原子和光量子等。量子计算将在人工智能、生物医药和金融等领域发挥重要作用。量子计算仍处于发展初始阶段，需要克服包括量子退相干、量子纠错、量子比特的可扩展性和逻辑门的制造等技术挑战，另外还需开发用于解决更广泛问题的量子算法。

七、太空空间架构技术

太空空间架构技术包括 4 个关键领域，一是遥感技术，包括用于天基传感、路由、商业数据收集请求管理、数据访问等解决方案；二是数据传输，重点关注可扩展太空光学组件；三是高性能边缘计算，包括自主分析、边缘算法等；四是数据融合，侧重于任务规划、建模等操作过程的数据安全。分析显示，到 2030 年太空市场可能超过 1 万亿美元。未来太空经济可能涵盖目前规模尚不大的活动，例如轨道内制造、发电和太空采矿，以及可扩展的载人航天飞行。

八、数字孪生

数字孪生是一个物理对象、人或过程的虚拟副本，可以用来模拟其行为，以更好地理解其在现实生活中的工作方式。数字孪生链接到来自环境的真实数据源，这意味着孪生实时更新以反映原始版本。数字孪生还包含一层来自数据的行为洞察和可视化。当在一个系统内互联时，数字孪生可以形成所谓的企业元宇宙：一个数字的、通常是沉浸式的环境，它复制并连接组织的每个方面，以优化模拟、场景规划和决策。数字孪生技术目前呈现出与物联网、3R［增强现实（AR）、虚拟现实（VR）和混合现实（MR）］、边缘计算、云计算、5G、大数据、区块链及人工智能等新技术深度融合、共同发展的趋势。

九、区块链技术

区块链是一种去中心化的分布式账本技术，它使用密码学方法保证了数据交换和记录的安全性和可信度。区块链通过连接多个区块来组成一个链式结构，并利用共识算法来确保每个节点都有相同的记录和更新。目的就是要避免中心化机构的单点故障和审查，同时保证数据的不可篡改性和可追溯性。从区块链的发展趋势来看，未来区块链的应用将更加普及和多样化，涵盖更多的领域和场景。例如，区块链将在金融、供应链管理、数字身份认证等领域得到广泛应用，区块链技术将与物联网、人工智能等技术实现融合并形成更加智能、高效的应用，区块链技术将促进去中心化经济的发展。

十、脑机接口

脑机接口技术形成于20世纪70年代，是一种涉及神神经科学、计算机科学、认知科学、控制与信息科学技术、医学等多学科的交叉技术。脑机接口通过解码人类思维活动过程中的脑神经活动信息，构建大脑与外部世界的直接信息传输通路，以取代、恢复、增强、补充或改善自然中枢神经系统（CNS）的输入与输出功能，从而改变CNS与其外部外内容环境之间的持续相互作用。按照信号采集方式划分，脑机接口主要分为侵入式、非侵入式和半侵入式。脑机接口是一种不依赖常规大脑信息输出通路，而将有机生命形式的脑或神经系统与任何能够处理或计算的设备之间直接连接的新型通讯与控制系统，因此在医疗健康领域有广阔的应用前景。同时，随着现代医学对大脑结构和功能的不断探索，人类已经对运动、视觉、听觉、语言等大脑功能区有了较为深入的研究，那么通过脑机接口设备获取这些大脑区域的信息并分析，在神经、精神系统疾病的体检诊断、筛查监护、治疗与康复领域拥有广泛的应用。该领域是目前脑机接口最大的市场应用领域，也是增长最快的领域。

十一、定向能技术

定向能技术就是研究和运用各种束能的技术，最主要应用于研制定向能武器。定向能武器属于远程武器，利用核能、激光束、粒子束、微波束、等离子束、声波束的能量，产生高温、电离、辐射、声波等综合效应，将激光、粒子、微波、等离子或声波以束的形式，向预定目标发射，从而对目标进行拒止、瓦解、毁伤、摧毁和欺骗，以及战场信息。其传输速度等于光速（激光束）或接近光速（高能粒子束）。

十二、高超声速技术

高超声速技术通常是指可使飞行器的飞行速度超过 5 倍声速的技术，可在导弹、飞机上实现应用。高超声速技术主要包括 4 个方面：一是制造和材料，从高性能、尖端材料制造转向低成本、可维持高超声速任务的材料。二是通信系统和部件，寻求天基资产等低成本方法传输遥感等数据。三是推进系统，克服阻力等问题提高推进效率。四是备选制导、导航与控制系统，实现量子传感、视觉导航等技术。

十三、纳米加工技术

纳米加工是指构建尺度在纳米范围内的微结构，在纳米尺度下操控物质的组装从而构成具有一定功能的微器件。它是传统微加工技术的发展，是纳米技术的核心之一。按加工方式，纳米级加工可分为切削加工、磨料加工（分固结磨料和游离磨料）、特种加工和复合加工四类。纳米缓加工还可分为传统加工、非传统加工和复合加工。纳米级加工技术也可以分为机械加工、化学腐蚀、能量集加工、复合加工、隧道扫描显微技术加工等多种方法。

十四、无人机蜂群技术

无人机蜂群将先进的计算机算法与本地传感和通信技术相结合，以同步多架无人机来实现一个目标。无人机蜂群可以使用各种命令和控制方法，包括具有特定预定义飞行路径的预编程任务，由地面站或单个控制无人机进行集中控制，或者基于共享信息进行无人机通信和协作的分布式控制。更先进的控制方法包括受昆虫群体和鸟类群体集体行为启发的群体智能，以及教无人机蜂群应对新情况或意外情况的人工智能技术。

十五、氢能

氢能产业独特的行业耦合属性使其成为全球碳中和进程中能源转型的重要基石，是工业、交通运输业等高碳排、难脱碳行业减排的重要技术路径。氢气作为一种多用途能量载体和化学原料，可实现多类型能源（可再生能源、核能、化石能源）融合。氢能产业具有行业耦合属性，且来源广泛，已成为能源转型重要基石。其行业耦合属性主要体现在：一是氢作为一种应用广泛的能源形式，应用于燃料电池、合成动力燃料等领域，可为交通、工业提供直接能源动力；二是氢作为能量储存器，可根据供需关系灵活储存可再生能源，解决其时间、空间能源供需平衡问题；三是氢是工业生产和工业脱碳的重要基础原料，既可用于产品制备，又可同工业生产捕集的二氧化碳结合转化为化学产品。在应对全球气候变化背景下，世界主要经济体纷纷发布氢能产业中长期发展战略，推进氢能产业发展。

十六、增强型地热

增强型地热（Enhanced Geothermal System，EGS）作为地热资源的开发方式之一，已成为国际能源领域前沿技术研究热点。增强型地热是干热岩型地热开发利用的关键核心技术。干热岩型地热普遍埋深 3 ～ 10 km，需通过增强型地热技术实现开发利用。该技术借助大型水力压裂等工程手段对地下深部低渗岩体进行人工造储，迫使岩石开裂形成具有渗透性的多尺度人工缝网，之后依据人工缝网走向确定采出井位置，形成一注一采、一注多采或多注多采的开发模式，进而实现发电和地热能综合利用。目前，美国、英国、法国、德国、日本、瑞典和澳大利亚等已相继建成增强型地热系统。

十七、小型模块化反应堆

随着全球能源需求的日益增长，核能作为低碳清洁能源在全球受到高度重视。发电功率低于 300 MWe 的小型模块化反应堆（small modular reactors，SMR），因其模块化建造体积小、建造周期短、安全性能高、易并网、选址成本低、适应性强、多用途等优点，在全球广受追捧。美、俄等主要国家积极推进小型模块化反应堆的研发与部署。根据冷却剂和中子谱的不同，小型模块化反应堆可以分为陆上模式堆、海上模式堆、高温气冷堆、快堆和熔盐堆。小型模块化反应堆具有智能灵活的运用特性，可为中小型电网和偏远地区供电，在分布式发电中有重要应用，可以较好地替代退役火电机组，在核能供热领域有广阔的应用前景，有能力给偏远军事基地、海岛、海上平台的能源供应带来革命性变化。小型模块化反应堆，无论是军事领域还是民用领域，都有广泛需求，将是核反应堆技术未来发展的重点方向，具有战略意义。

十八、智能机器人技术

随着多模态感知系统、动力学模型、深度学习、定位导航等智能技术逐步应用于机器人领域，智能机器人则在机器人基础上，具备更强的感知、学习和自主能力，可以适应更复杂的环境和任务需求。权威标准组织对智能机器人的定义尚未形成统一共识，根据科技词典 McGraw－Hill Dictionary of Scientific & Technical Terms 的定义：智能机器人是一种智能机器，可基于编程程序根据传感器的输入信息做出决策与采取行动。智能机器人融合智能技术，具有深度感知、智能决策、泛化交互和灵巧执行能力的四大要素。这四大要素共同构成了智能机器人的核心竞争力，随着科技的发展和市场的需求，智能机器人应用场景不断扩大，包括制造业、服务业、医疗、教育、家庭等各个方面。在我国在 2020 年发布的最新标准中，按照应用领域，将机器人分为：工业机器人、个人/家庭服务机器人、公共服务机器人、特种机器人和其他应用机器人 5 个类别。

十九、智能材料

智能材料是一类可以感知环境变化（如应力、温度、磁场、电场、光等）并能做出响应（如形状变化、颜色变化、振动、发声等）的材料。这些材料通常具有某种形式的记忆功能，能够根据外部刺激而自动调整其性能，并在刺激消失后恢复到原始状态。智能材料也能够将感知到的信息反馈给控制系统。智能材料是继天然材料、合成高分子材料、人工设计材料之后的第四代材料，是现代高技术新材料发展的重要方向之一，常见的智能材料包含形状记忆合金、电致变色材料、光致变色材料、智能凝胶等。智能材料在医疗、航空航天、机器人技术等领域有广泛的应用。智能材料的研制和大规模应用将导致材料科学发展的重大革命。随着材料科学和纳米技术的发展，智能材料的种类和应用正在不断扩展，它们在提高产品性能、降低能耗、增强用户体验等方面展现出巨大的潜力。

二十、基因编辑

基因编辑，又称基因组编辑或基因组工程，是一种新兴的比较精确的能对生物体基因组特定目标基因进行修饰的一种基因工程技术。基因编辑技术指能够让人类对目标基因进行定点“编辑”，实现对特定 DNA 片段的修饰。基因编辑依赖于经过基因工程改造的核酸酶，也称“分子剪刀”，在基因组中特定位置产生位点特异性双链断裂（DSB），诱导生物体通过非同源末端连接（NHEJ）或同源重组（HR）来修复 DSB，因为这个修复过程容易出错，从而导致靶向突变。基因编辑技术是基因测序、转基因之后的又一个颠覆性技术，是人类目前“改造生物”最有效的工具之一，能够使人类改造生物像编辑文件一样，直接删除、修改或屏蔽不需要的文字（或基因），获得理想的文件（或生物），已经开始应用于基础理论研究和生产应用中。基因编辑已经运用在多种疾病的治疗上，在生物医药研究领域也发挥着越来越重要的作用，在作物育种方面已培育出一大批具有良好应用前景的基因编辑产品。